JN065354

はじめに

　新型コロナウイルス感染症の影響により、これまでの働き方が見直されており、スマートフォンやクラウドサービス等を活用したテレワークやオンライン会議など、距離や時間に縛られない多様な働き方が定着しつつあります。

　今後、第5世代移動通信システム（5G）の活用が本格的に始まると、デジタルトランスフォーメーション（DX）の動きはさらに加速していくと考えられます。

　こうした中、企業では、生産性向上に向け、ITを利活用した業務効率化が不可欠となっており、クラウドサービスを使った会計事務の省力化、ECサイトを利用した販路拡大、キャッシュレス決済の導入など、ビジネス変革のためのデジタル活用が進んでいます。一方で、デジタル活用ができる人材は不足しており、その育成や確保が課題となっています。

　日本商工会議所ではこうしたニーズを受け、仕事に直結した知識とスキルの習得を目的として、IT利活用能力のベースとなるMicrosoft®のOfficeソフトの操作スキルを問う「日商PC検定試験」をネット試験方式により実施しています。

　本検定試験は、文書作成ソフトを活用したビジネス文書の取り扱い・作成力を問う「文書作成」、表計算ソフトを使った業務データの取り扱い・分析力を問う「データ活用」、プレゼンテーションソフトを用いた資料作成力を問う「プレゼン資料作成」の3分野で構成されています。

　試験科目は、「実技科目」と「知識科目」の2科目です。ビジネスの現場では、ソフトウエアの操作スキルに加え、業務データや個人情報などの情報管理やセキュリティーに関する正しい知識を有していることが不可欠となっています。このため、本検定試験ではこれらの内容について問う「知識科目」を設けています。

　本書は、本検定試験2級の知識科目の学習のための公式テキストであり、情報管理やセキュリティー、コンプライアンス等に関する知識の習得に役立つ内容となっております。

　本書を試験合格への道標としてご活用いただくとともに、修得した知識やスキルを活かして企業等でご活躍されることを願ってやみません。

2021年6月

日本商工会議所

◆本教材は、個人が「日商PC検定試験」に備える目的で使用するものであり、日本商工会議所および株式会社富士通ラーニングメディアが本教材の使用により「日商PC検定試験」の合格を保証するものではありません。

◆Microsoft、Excel、PowerPoint、Windowsは、米国Microsoft Corporationの米国およびその他の国における登録商標または商標です。

◆その他、記載されている会社および製品などの名称は、各社の登録商標または商標です。

◆本文中では、TMや®は省略しています。

◆本文中のスクリーンショットは、マイクロソフトの許可を得て使用しています。

◆本文の問題で使用している個人名、団体名、商品名、ロゴ、連絡先、メールアドレス、場所、出来事などは、すべて架空のものです。実在するものとは一切関係ありません。

日商PC Contents

日商PC

日商PC検定試験の概要

日商PC検定試験の概要や試験範囲、試験実施イメージなどを
記載しています。

日商PC検定試験とは（受験の手引き）

1 目的

「日商PC検定試験」は、ネット社会における企業人材の育成・能力開発ニーズを踏まえ、企業実務でIT（情報通信技術）を利活用する実践的な知識、スキルの修得に資するとともに、個人、部門、企業のそれぞれのレベルでITを利活用した生産性の向上に寄与することを目的としています。本検定試験は、ビジネス文書の取り扱い・作成ができるかを問う「文書作成」と、業務データの取り扱い・データ分析ができるかを問う「データ活用」、目的に応じた適切で分かりやすいプレゼン資料を作成できるかを問う「プレゼン資料作成」の3分野で構成され、それぞれ独立した試験として実施しています。

2 受験資格

どなたでも受験できます。いずれの分野・級でも学歴・国籍・取得資格等による制限はありません。

3 試験科目・試験時間・合格基準等

■文書作成・データ活用・プレゼン資料作成

級	知識科目	実技科目	合格基準
1級	30分（論述式）	60分	知識、実技の2科目とも70点以上（100点満点）で合格
2級	15分（択一式）	40分	
3級	15分（択一式）	30分	

■文書作成・データ活用

級	知識科目	実技科目	合格基準
Basic（基礎級）	―	30分	実技科目 70点以上（100点満点）で合格

※Basic（基礎級）には、知識科目はありません。
※プレゼン資料作成分野には、Basic（基礎級）はありません。

4 試験方法

インターネットを介して試験の実施から採点、合否判定までを行う「ネット試験」で実施します。
※2級、3級およびBasic（基礎級）は試験終了後、即時に採点・合否判定を行います。1級は答案を日本商工会議所に送信し、中央採点で合否を判定します。

5　受験料（税込み）

級	受験料（税込み）
1級	10,480円
2級	7,330円
3級	5,240円
Basic（基礎級）	4,200円

※上記受験料は、2021年4月現在（消費税10%）のものです。
※プレゼン資料作成分野には、Basic（基礎級）はありません。

6　試験会場

商工会議所ネット試験施行機関（各地商工会議所、および各地商工会議所が認定した試験会場）

7　試験日時

級	試験日時
1級	日程が決まり次第、検定試験ホームページ等で公開します。
2級	各ネット試験施行機関が決定します。
3級	各ネット試験施行機関が決定します。
Basic（基礎級）	各ネット試験施行機関が決定します。

※プレゼン資料作成分野には、Basic（基礎級）はありません。

8　受験申込方法

検定試験ホームページで最寄りのネット試験施行機関を確認のうえ、直接お問い合わせください。

9　その他

試験についての最新情報および詳細は、検定試験ホームページでご確認ください。

検定試験ホームページ	https://www.kentei.ne.jp/

日商PC検定試験の内容と範囲

1 1級

企業実務に必要とされる実践的なIT・ネットワークの知識、スキルを有し、ネット社会のビジネススタイルを踏まえ、企業責任者（企業責任者を補佐する者）として、経営判断や意思決定を行う（助言する）過程で利活用することができる。

■知識科目

分野	内容と範囲		
文書作成	○2、3級の試験範囲を修得したうえで、第三者に正確かつ分かりやすく説明することができる。 ○文書の全ライフサイクル（作成、伝達、保管、保存、廃棄）を考慮し、社内における文書管理方法を提案できる。 ○文書の効率的な作成、標準化、データベース化に関する知識を身につけている。 ○ライティング技術に関する実践的かつ応用的な知識（文書の目的・用途に応じた最適な文章表現、文書構造）を身につけている。 ○表現技術（レイアウト、デザイン、表・グラフ、フローチャート、図解、写真の利用、カラー化等）について実践的かつ応用的な知識を身につけている。 <div align="right">等</div>	共通	○企業実務で必要とされるハードウェア、ソフトウェア、ネットワークに関し、第三者に正確かつ分かりやすく説明できる。 ○ネット社会に対応したデジタル仕事術を理解し、自社の業務に導入・活用できる。 ○インターネットを活用した新たな業務の進め方、情報収集・発信の仕組みを提示できる。 ○複数のプログラム間での電子データの相互運用が実現できる。 ○情報セキュリティーやコンプライアンスに関し、社内で指導的立場となれる。 <div align="right">等</div>
データ活用	○2、3級の試験範囲を修得したうえで、第三者に正確かつ分かりやすく説明することができる。 ○業務データの全ライフサイクル（作成、伝達、保管、保存、廃棄）を考慮し、社内における業務データ管理方法を提案できる。 ○基本的な企業会計に関する知識を身につけている（決算、配当、連結決算、国際会計、キャッシュフロー、ディスクロージャー、時価主義）。 <div align="right">等</div>		
プレゼン資料作成	○2、3級の試験範囲を修得したうえで、プレゼンの工程（企画、構成、資料作成、準備、実施）に関する知識を第三者に正確かつ分かりやすく説明できる。 ○2、3級の試験範囲を修得したうえで、プレゼン資料の表現技術（レイアウト、デザイン、表・グラフ、図解、写真の利用、カラー表現等）に関する知識を第三者に正確かつ分かりやすく説明できる。 ○プレゼン資料の作成、標準化、データベース化、管理等に関する実践的かつ応用的な知識を身につけている。 <div align="right">等</div>		

■実技科目

分野	内容と範囲
文書作成	○企業実務で必要とされる文書作成ソフト、表計算ソフト、プレゼンソフトの機能、操作法を修得している。 ○当該業務の遂行にあたり、ライティング技術を駆使し、最も適切な文書、資料等を作成することができる。 ○与えられた情報を整理、分析し、状況に応じ企業を代表して(対外的な)ビジネス文書を作成できる。 ○表現技術を駆使し、説得力のある業務報告、レポート、プレゼン資料等を作成できる。 ○当該業務に係る情報をWebサイトから収集し活用することができる。 <div align="right">等</div>
データ活用	○企業実務で必要とされる表計算ソフト、文書作成ソフト、データベースソフト、プレゼンソフトの機能、操作法を修得している。 ○当該業務に必要な情報を取捨選択するとともに、最適な作業手順を考え業務に当たれる。 ○表計算ソフトの関数を自在に活用できるとともに、各種分析手法の特徴と活用法を理解し、目的に応じて使い分けができる。 ○業務で必要とされる計数・市場動向を示す指標・経営指標等を理解し、問題解決や今後の戦略・方針等を立案できる。 ○業務データベースを適切な方法で分析するとともに、表現技術を駆使し、説得力ある業務報告・レポート・プレゼン資料を作成できる。 ○当該業務に係る情報をWebサイトから収集し活用することができる。 <div align="right">等</div>
プレゼン資料作成	○目的を達成するために最適なプレゼンの企画・構成を行い、これに基づきストーリーを展開し説得力のあるプレゼン資料を作成できる。 ○与えられた情報を整理・分析するとともに、必要に応じて社内外のデータベースから目的に適合する必要な資料、文書、データを検索・入手し、適切なプレゼン資料を作成できる。 ○図解技術、レイアウト技術、カラー表現技術等を駆使して、高度なビジュアル表現により分かりやすいプレゼン資料を効率よく作成できる。 <div align="right">等</div>

2　2級

企業実務に必要とされる実践的なIT・ネットワークの知識、スキルを有し、部門責任者（部門責任者を補佐する者）として、業務の効率・円滑化、業績向上を図るうえで利活用することができる。

■知識科目

分野	内容と範囲		
文書作成	○ビジネス文書（社内文書、社外文書）の種類と雛形についてよく理解している。 ○文書管理（ファイリング、共有化、再利用）について理解し、業務にあわせて体系化できる知識を身につけている。 ○ビジネス文書を作成するうえで必要とされる日本語力（文法、表現法、敬語、用字・用語、慣用句）を身につけている。 ○企業実務で必要とされるライティング技術に関する知識（分かりやすく簡潔な文章表現、文書構成）を身につけている。 ○表現技術（レイアウト、デザイン、表・グラフ、フローチャート、図解、写真の利用、カラー化等）についての基本的な知識を身につけている。 　　　　　　　　　　　　　　　　　　　　　等	共通	○企業実務で必要とされるハードウェア、ソフトウェア、ネットワークに関する実践的な知識を身につけている。 ○業務における電子データの適切な取り扱い、活用について理解している。 ○ソフトウェアによる業務データの連携について理解している。 ○複数のソフトウェア間での共通操作を理解している。 ○ネットワークを活用した効果的な業務の進め方、情報収集・発信について理解している。 ○電子メールの活用、ホームページの運用に関する実践的な知識を身につけている。 　　　　　　　　　　　　　　　　等
データ活用	○電子認証の仕組み（電子署名、電子証明書、認証局、公開鍵暗号方式等）について理解している。 ○企業実務で必要とされるビジネスデータの取り扱い（売上管理、利益分析、生産管理、マーケティング、人事管理等）について理解している。 ○業種別の業務フローについて理解している。 ○業務改善に関する知識（問題発見の手法、QC等）を身につけている。 　　　　　　　　　　　　　　　　　　　　　等		
プレゼン資料作成	○プレゼンの工程（企画、構成、資料作成、準備、実施）に関する実践的な知識を身につけている。 ○プレゼン資料の表現技術（レイアウト、デザイン、表・グラフ、図解、写真の利用、カラー表現等）に関する実践的な知識を身につけている。 ○プレゼン資料の管理（ファイリング、共有化、再利用）について実践的な知識を身につけている。 　　　　　　　　　　　　　　　　　　　　　等		

※本書で学習できる範囲は、表の網かけ部分となります。

■実技科目

分野	内容と範囲
文書作成	○企業実務で必要とされる文書作成ソフト、表計算ソフトの機能、操作法を身につけている。 ○業務の目的に応じ簡潔で分かりやすいビジネス文書を作成できる。 ○与えられた情報を整理、分析し、状況に応じた適切なビジネス文書を作成できる。 ○取引先、顧客などビジネスの相手と文書で円滑なコミュニケーションが図れる。 ○ポイントが整理され読み手が内容を把握しやすい報告書・議事録等を作成できる。 ○業務目的の遂行のため、見やすく、分かりやすい提案書、プレゼン資料を作成できる。 ○社内の文書データベースから業務の目的に適合すると思われる文書を検索し、これを利用して新たなビジネス文書を作成できる。 ○文書ファイルを目的に応じ分類、保存し、業務で使いやすいファイル体系を構築できる。 <div align="right">等</div>
データ活用	○企業実務で必要とされる表計算ソフト、文書作成ソフトの機能、操作法を身につけている。 ○表計算ソフトを用いて、当該業務に関する最適なデータベースを作成することができる。 ○表計算ソフトの関数を駆使して、業務データベースから必要とされるデータ、値を求めることができる。 ○業務データベースを適切な方法で分析するとともに、表やグラフを駆使し的確な業務報告・レポートを作成できる。 ○業務で必要とされる計数（売上・売上原価・粗利益等）を理解し、業務で求められる数値計算ができる。 ○業務データを分析し、当該ビジネスの現状や課題を把握することができる。 ○業務データベースを目的に応じ分類、保存し、業務で使いやすいファイル体系を構築できる。 <div align="right">等</div>
プレゼン資料作成	○プレゼンの工程（企画、構成、資料作成、準備、実施）を理解し、ストーリー展開を踏まえたプレゼン資料を作成できる。 ○与えられた情報を整理・分析し、目的に応じた適切なプレゼン資料を作成できる。 ○企業実務で必要とされるプレゼンソフトの機能を理解し、操作法にも習熟している。 ○図解技術、レイアウト技術、カラー表現技術等を用いて、分かりやすいプレゼン資料を作成できる。 ○作成したプレゼン資料ファイルを目的に応じ分類、保存し、業務で使いやすいファイル体系を構築できる。 <div align="right">等</div>

3 3級

企業実務に必要とされる基本的なIT・ネットワークの知識、スキルを有し、自己の業務に利活用することができる。

■知識科目

分野	内容と範囲		
文書作成	○基本的なビジネス文書(社内・社外文書)の種類と雛形について理解している。 ○文書管理(ファイリング、共有化、再利用)について理解している。 ○ビジネス文書を作成するうえで基本となる日本語力(文法、表現法、用字・用語、敬語、漢字、慣用句等)を身につけている。 ○ライティング技術に関する基本的な知識(文章表現、文書構成の基本)を身につけている。 ○ビジネス文書に関連する基本的な知識(ビジネスマナー、文書の送受等)を身につけている。 等	共通	○ハードウェア、ソフトウェア、ネットワークに関する基本的な知識を身につけている。 ○ネット社会における企業実務、ビジネススタイルについて理解している。 ○電子データ、電子コミュニケーションの特徴と留意点を理解している。 ○デジタル情報、電子化資料の整理・管理について理解している。 ○電子メール、ホームページの特徴と仕組みについて理解している。 ○情報セキュリティー、コンプライアンスに関する基本的な知識を身につけている。 等
データ活用	○取引の仕組み(見積、受注、発注、納品、請求、契約、覚書等)と業務データの流れについて理解している。 ○データベース管理(ファイリング、共有化、再利用)について理解している。 ○電子商取引の現状と形態、その特徴を理解している。 ○電子政府、電子自治体について理解している。 ○ビジネスデータの取り扱い(売上管理、利益分析、生産管理、顧客管理、マーケティング等)について理解している。 等		
プレゼン資料作成	○プレゼンの工程(企画、構成、資料作成、準備、実施)に関する基本知識を身につけている。 ○プレゼン資料の表現技術(レイアウト、デザイン、表・グラフ、図解、写真の利用、カラー表現等)について基本的な知識を身につけている。 ○プレゼン資料の管理(ファイリング、共有化、再利用)について基本的な知識を身につけている。 等		

■実技科目

分野	内容と範囲
文書作成	○企業実務で必要とされる文書作成ソフトの機能、操作法を一通り身につけている。 ○指示に従い、正確かつ迅速にビジネス文書を作成できる。 ○ビジネス文書（社内・社外向け）の雛形を理解し、これを用いて定型的なビジネス文書を作成できる。 ○社内の文書データベースから指示に適合する文書を検索し、これを利用して新たなビジネス文書を作成できる。 ○作成した文書に適切なファイル名を付け保存するとともに、日常業務で活用しやすく整理分類しておくことができる。 <div align="right">等</div>
データ活用	○企業実務で必要とされる表計算ソフトの機能、操作法を一通り身につけている。 ○業務データの迅速かつ正確な入力ができ、紙媒体で収集した情報のデジタルデータベース化が図れる。 ○表計算ソフトにより業務データを一覧表にまとめるとともに、指示に従い集計、分類、並べ替え、計算等ができる。 ○各種グラフの特徴と作成法を理解し、目的に応じて使い分けできる。 ○指示に応じた適切で正確なグラフ作成ができる。 ○表およびグラフにより、業務データを分析するとともに、売上げ予測など分析結果を業務に生かせる。 ○作成したデータベースに適切なファイル名を付け保存するとともに、日常業務で活用しやすく整理分類しておくことができる。 <div align="right">等</div>
プレゼン資料作成	○プレゼンの工程（企画、構成、資料作成、準備、実施）を理解し、指示に従い正確かつ迅速にプレゼン資料を作成できる。 ○プレゼン資料の基本的な雛形や既存のプレゼン資料を活用して、目的に応じて新たなプレゼン資料を作成できる。 ○企業実務で必要とされるプレゼンソフトの基本的な機能を理解し、操作法の基本を身につけている。 ○作成したプレゼン資料に適切なファイル名を付け保存するとともに、日常業務で活用しやすく整理分類しておくことができる。 <div align="right">等</div>

4　Basic（基礎級）

基本的なワープロソフトや表計算ソフトの操作スキルを有し、企業実務に対応することができる。

■実技科目

分野	内容と範囲	
		使用する機能の範囲
文書作成	○企業実務で必要とされる文書作成ソフトの機能、操作法の基本を身につけている。 ○指示に従い、正確にビジネス文書の文字入力、編集ができる。 ○ビジネス文書（社内・社外向け）の種類と作成上の留意点を承知している。 ○ビジネス文書の特徴を承知している。 ○指示に従い、作成した文書ファイルにファイル名を付け保存することができる。 等	○文字列の編集〔移動、複写、挿入、削除等〕 ○文書の書式・体裁を整える〔センタリング、右寄せ、インデント、タブ、小数点揃え、部分的な縦書き、均等割付け等〕 ○文字修飾・文字強調〔文字サイズ、書体（フォント）、網かけ、アンダーライン等〕 ○罫線処理 ○表の作成・編集〔表内の行・列・セルの編集と表内文字列の書式体裁等〕 等
データ活用	○企業実務で必要とされる表計算ソフトの機能、操作法の基本を身につけている。 ○指示に従い、正確に業務データの入力ができる。 ○指示に従い、表計算ソフトにより、並べ替え、順位付け、抽出、計算等ができる。 ○指示に従い、グラフが作成できる。 ○指示に従い、作成したファイルにファイル名を付け保存することができる。 等	○ワークシートへの入力 ・データ（数値・文字）の入力 ・計算式の入力（相対参照・絶対参照） ○関数の入力〔SUM、AVG、INT、ROUND、IF、ROUNDUP、ROUNDDOWN等〕 ○ワークシートの編集 ・データ（数値・文字）・式の編集／消去 ・データ（数値・文字）・式の複写／移動 ・行または列の挿入／削除 ○ワークシートの表示／装飾 ・データ（数値・文字）の表示形式変更 ・データ（数値・文字）の配置変更 ・データ（数値・文字）サイズの変更 ・列（セル）幅の変更 ・罫線の設定 ○グラフの作成 ・グラフ作成〔折れ線・横棒・縦棒・積み上げ・円等〕 ・グラフの装飾 ○データベース機能の利用 ・ソート（並べ替え） ・データの検索・削除・抽出・置換・集計 ○ファイル操作 ・ファイルの保存、読込み 等

試験実施イメージ

1 試験形式

試験形式は、インターネットを介して試験の実施から採点、合否判定までを行う「ネット試験」です。

試験開始ボタンをクリックすると、試験センターから試験問題がダウンロードされ、試験開始となります（試験問題は受験者ごとに違います）。

試験は、知識科目、実技科目の順に解答します。

2 知識科目

知識科目では、上部の問題を読んで下部の選択肢のうち正解と思われるものを選びます。解答に自信がない問題があったときは、「**見直しチェック**」欄をクリックすると「**解答状況**」の当該問題番号に色が付くので、あとで時間があれば見直すことができます。

【参考】知識科目

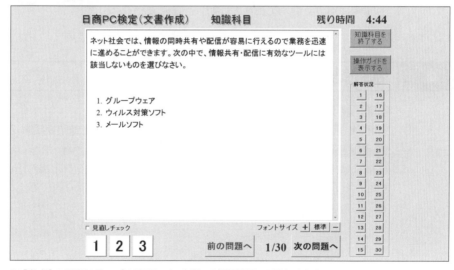

※【参考】の問題はサンプル問題です。実際の試験問題とは異なります。

概要

共通分野

文書作成分野

データ活用分野

プレゼン資料作成分野

3　実技科目

知識科目を終了すると、実技科目に移ります。試験問題で指定されたファイルを呼び出して（アプリケーションソフトを起動）、答案を作成します。

作成した答案を試験問題で指定されたファイル名で保存します。

【参考】実技科目

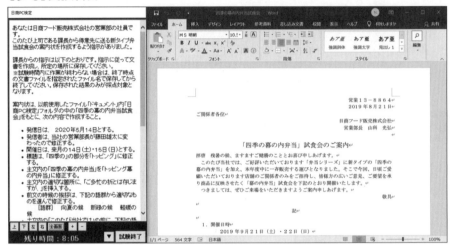

※【参考】の問題はサンプル問題です。実際の試験問題とは異なります。

4　試験結果

試験が終了すると、その場で得点と合否を確認できます。

答案（知識、実技の両科目）はシステムにより自動採点され、得点と試験結果（両科目とも70点以上で合格）が表示されます。

合格証は、2021年4月受験分より、これまでのカードからデジタル合格証となりました（合格された方の試験結果に二次元コードが表示され、それをスマートフォン等で読み込むことにより入手できます）。

2級

共通分野
問題

文書作成、データ活用、プレゼン資料作成の各分野に共通する問題
(50問)を記載しています。

2級 共通分野 問題

■問題 1　得意先から商品の注文が来たら「納品書」を添付して納品する。その商品代金を回収するために得意先に送る書類を何というか。次の中から選びなさい。

1　注文請書

2　物品受領書

3　請求書

■問題 2　ネット社会では、情報の共有や配信が容易に行えるので業務を迅速に進めることができる。情報を共有したり配信したりする機能を持ったソフトを、次の中から選びなさい。

1　ドライバー

2　グループウェア

3　ウイルス対策ソフト

■問題 3　ネット社会ではさまざまな書類が電子化される。それに伴い、紙での保存を義務付けられている株主総会の議事録やカルテなど診療に関する記録などの書類を、電子データとして保存することを認める法律ができた。
その法律の俗称を、次の中から選びなさい。

1　電子契約法

2　特定商取引法

3　e-文書法

■問題 4　さまざまなファイルを整理するためにフォルダーを用いるが、フォルダーの説明として不適切なものを、次の中から選びなさい。

1　フォルダーの名前（フォルダー名）に漢字やひらがなを使用することはできない。

2　フォルダーの中にはファイルだけではなくフォルダーも作ることができる。

3　1つのフォルダー内でファイルやフォルダーの名前が重複することは許されない。

■問題 5　名刺データを入力する際に用いる、電子名刺用の世界標準フォーマットは何か。次の中から選びなさい。

1　vCard

2　XML

3　CAD

■**問題 6** データの圧縮には「可逆圧縮」と「非可逆圧縮」の2種類がある。非可逆圧縮の説明として適切なものを、次の中から選びなさい。

1 非可逆圧縮は可逆圧縮よりも圧縮率が低い。

2 JPEG形式に利用されている圧縮方式は可逆圧縮の一種である。

3 非可逆圧縮方式で圧縮された情報は、完全に元に戻すことはできない。

■**問題 7** メールを電子署名付きで送信するためには何が必要か。適切なものを、次の中から選びなさい。

1 自分のサインをスキャナーで読み取ったJPEGファイル

2 自分の名前やメールアドレスなどを記したテキストファイル

3 秘密鍵、公開鍵、電子証明書の3つ

■**問題 8** XMLの説明として不適切なものを、次の中から選びなさい。

1 XMLは文書やデータの意味や構造を記述するためのマークアップ言語である。

2 XMLの規格に従ったWebページ記述用のマークアップ言語をXHTMLという。

3 XMLのタグには日本語を使うことができない。

■**問題 9** XMLのテキスト文書と組み合わせることにより、さまざまな書式で文書を表示することができるようになる、フォントやレイアウトなどの見栄えを設定するシートを何というか。次の中から選びなさい。

1 スタイルシート

2 スプレッドシート

3 マークシート

■**問題 10** データやプログラムを保存するディスクにはさまざまな種類がある。最も記録容量の大きいものを、次の中から選びなさい。

1 DVD

2 CD

3 Blu-rayディスク

■**問題 11** PDF形式のファイルを開くのに必要なソフトを、次の中から選びなさい。

1 スクリーンショットソフト

2 PDF Readerソフト

3 動画再生ソフト

■問題 12

企業の中で発生するさまざまなデータの中で、販売数量、売上金額、在庫量などの数値化されたデータを何というか。次の中から選びなさい。

1 定性データ
2 定量データ
3 定常データ

■問題 13

文書作成ソフトや表計算ソフトにおいて、全体概要と詳細部分の表示・非表示などを設定できる機能を何というか。次の中から選びなさい。

1 アウトライン機能
2 マクロ機能
3 プレビュー機能

■問題 14

消費者の求めている商品やサービスを調査し、供給する商品の開発や販売活動につなげる企業活動を何というか。最も適切なものを、次の中から選びなさい。

1 マーケティング
2 リスクマネジメント
3 ISMS

■問題 15

社内ではさまざまな部署が異なった目的で顧客データを利用する。社内の誰もが常に最新情報を参照するためには、顧客データをどのように管理すればよいか。最も適切なものを、次の中から選びなさい。

1 社内共通の場所に情報を一元化する。
2 情報を各部署に分散させ、お互いの情報の比較や更新を定期的に行う。
3 情報を各部署に分散させ、更新があった場合にはすみやかに通知する。

■問題 16

パソコンに内蔵されているハードディスクに代わり、読み書きが速い（　　　）が使用されるケースが増えている。
（　　　）に入る適切なものを、次の中から選びなさい。

1 外付けハードディスク
2 SSD
3 DRAM

■問題 17

電子データの正確性を保証するために、データの確定日時と、確定後のデータが改ざんされていないことを証明する技術がある。その技術の一般的な名称を、次の中から選びなさい。

1 デジタルタイムスタンプ
2 電子証明書
3 PKI

■問題 18 Microsoft Officeのようにパッケージ製品としてパソコン等にインストールして使用されていたソフトウェアが、インターネット経由でサービス提供され、利用できるようになってきた。そのサービスの総称を、次の中から選びなさい。

1 MaaS

2 SaaS

3 PaaS

■問題 19 電子情報は紙の情報と違ってネットワークにつながっていれば、（　　　　）でその情報を共有できる。
（　　　　）に入る適切なものを、次の中から選びなさい。

1 発生入力段階

2 更新段階

3 バックアップ段階

■問題 20 人工衛星を利用して、自分が地上のどこにいるかを正確に割り出すシステムを何というか。次の中から選びなさい。

1 ETC

2 IPA

3 GPS

■問題 21 Windowsで推奨されている統一されたキー操作において、印刷する場合のキー操作を、次の中から選びなさい。

1 [Print Screen SysRq]

2 [Ctrl]+[P]

3 [Alt]+[P]

■問題 22 Windowsで推奨されている統一されたキー操作において、既存のファイルを開く場合のキー操作を、次の中から選びなさい。

1 [Ctrl]+[A]

2 [Ctrl]+[C]

3 [Ctrl]+[O]

■問題 23 XMLの特徴に関する記述として不適切なものを、次の中から選びなさい。

1 XMLはマークアップ言語である。

2 XMLで表現されたファイルはテキストファイルとなる。

3 XMLはレイアウト情報を含むデータ形式である。

■問題 24　Webページを記述するためのマークアップ言語を何というか。次の中から選びなさい。

1　HTML
2　CSS
3　XSL

■問題 25　電子商取引におけるXMLに関する記述として適切なものを、次の中から選びなさい。

1　伝票情報をXML形式でやり取りする場合、取引相手ごとに項目の並び順を決めなければならない。
2　XML形式のデータはテキスト形式なので、発信者のなりすましや内容の改ざんを防止することはできない。
3　取引情報がXML形式であれば、必要な項目だけを取り出して処理することができる。

■問題 26　ヘッドマウントディスプレイやスマートフォンなどを使用して、現実の世界に画像等を重ねて仮想空間を作り出す技術のことを何というか。次の中から選びなさい。

1　VR
2　AR
3　VPN

■問題 27　行政手続オンライン化法の改正により、行政のデジタル化に関する3つの基本原則のうちのひとつである「一度提出した情報は、二度提出することを不要とすること」を何というか。次の中から選びなさい。

1　デジタルファースト
2　ワンスオンリー
3　コネクテッド・ワンストップ

■問題 28　ネットワークを介してコンピューター同士が通信を行なうために決めた通信手順や規格を何というか。次の中から選びなさい。

1　ポリシー
2　プロトコル
3　IoT

■問題 29　銀行や企業などのメールやWebサイトを装って、銀行口座の暗証番号やクレジットカード番号、パスワードなどを聞き出し、悪用する詐欺行為を何というか。次の中から選びなさい。

1　フィッシング
2　ランサムウェア
3　クラッキング

■問題 **30**　社内のプロジェクト会議の資料として使えそうなデータをインターネット上で探したところ、該当するものが他社のWebサイトで見つかった。相手の了承を得なくても著作権の侵害にあたらないものを、次の中から選びなさい。

1　出典を明記したうえで、Webサイトに掲載されている内容の一部を引用して資料を作成した。
2　掲載されているWebサイトのURLを会議のメンバーにメールで知らせた。
3　出典を明記したうえで、コピーして資料として配布した。

■問題 **31**　キーボードには、文字入力以外に特殊な意味を持ったキーがある。次の中から「複数選択」または「不連続選択」の意味を持ったキーを選びなさい。

1　[Ctrl]
2　[Shift]
3　[Alt]

■問題 **32**　多くの人と情報を共有する場合は情報提供の仕方を意識する必要がある。特に、事実と自分の（　　　）をはっきり分けることが重要である。
（　　　）に入る適切なものを、次の中から選びなさい。

1　予定
2　噂
3　意見

■問題 **33**　ネット社会では情報端末がパソコン以外にもあり、スケジュール管理を個々の端末で行っていると端末間で情報の食い違いが発生する。そこで、定期的または必要な都度、端末間の情報を照らし合わせ、食い違いを修正する必要があり、このことを（　　　）という。
（　　　）に入る適切なものを、次の中から選びなさい。

1　同期をとる
2　一元管理する
3　復元する

■問題 **34**　電子データを入力するときは、紙にメモするときと違い、各項目の（　　　）する必要がある。
（　　　）に入る適切なものを、次の中から選びなさい。

1　並び順を検討
2　入力内容を統一
3　意味合いを理解

■問題 35　企業間の取引では、あとで代金を支払う約束で、商品を仕入れることがある。この代金のことを何というか。次の中から選びなさい。

1　買掛金

2　売掛金

3　支払手数料

■問題 36　ネット社会の構築が進むと、社内にいるか社外にいるかに関わらず、関係者全員が情報を（　　　）できる。

（　　　）に入る適切なものを、次の中から選びなさい。

1　共有

2　暗号化

3　圧縮

■問題 37　写真の機器の名称を、次の中から選びなさい。

1　無停電電源装置（UPS）

2　無線LANアクセスポイント

3　HUB

■問題 38　経済産業省が次のように定義しているものを、次の中から選びなさい。

「企業がビジネス環境の激しい変化に対応し、データとデジタル技術を活用して、顧客や社会のニーズを基に、製品やサービス、ビジネスモデルを変革するとともに、業務そのものや、組織、プロセス、企業文化・風土を変革し、競争上の優位性を確立すること」

1　DX

2　AI

3　ICT

■問題 39　企業間が、伝票を電子化してやり取りする仕組みを何というか。次の中から選びなさい。

1　EDI

2　BtoB

3　GPKI

問題 40　業務の自動化をするソフトウェア型ロボットのことを総称して何というか。次の中から選びなさい。

1　VBA
2　RPA
3　IoT

問題 41　氏名、生年月日、性別、住所の4情報が個人情報といわれるが、特定個人情報とはどのような情報を指すか。適切なものを、次の中から選びなさい。

1　個人情報にプライバシー情報が追加されたもの。
2　個人情報にマイナンバー（個人番号）が追加されたもの。
3　個人情報に医療情報が追加されたもの。

問題 42　マイナンバー（個人番号）の説明として不適切なものを、次の中から選びなさい。

1　住民票がある人すべてにマイナンバー（個人番号）は通知される。
2　日本国籍のある人全員にマイナンバー（個人番号）は振られる。
3　生後まもない赤ちゃんにもマイナンバー（個人番号）は振られる。

問題 43　マイナンバー（個人番号）の変更に関する記述として適切なものを、次の中から選びなさい。

1　番号の並びが悪い場合、変更できる。
2　マイナンバー（個人番号）が漏えいし不正に利用される恐れがある場合、変更できる。
3　生涯同じ番号を使い続け、変更することはできない。

問題 44　最近は、屋外や公共交通機関、店頭などに、ディスプレイを置いてさまざまな広告や情報を流すようになっている。このような広告や情報のことを何というか。次の中から選びなさい。

1　デジタルホワイトボード
2　電子掲示板
3　デジタルサイネージ

問題 45　電子認証の仕組みにおいて、平文を公開鍵を使用して暗号化したものを、元のとおりに読めるようにするには何が必要か。次の中から選びなさい。

1　暗号鍵
2　秘密鍵
3　共通鍵

問題 46　マイナンバー（個人番号）と同様、法人番号も法人に通知されるが、それに関する記述として適切なものを、次の中から選びなさい。

1　マイナンバー（個人番号）と同様、法人番号も12桁の数字である。

2　法人番号は、13桁の数字でマイナンバー（個人番号）と違い、自由に利用することができる。

3　法人番号もマイナンバー（個人番号）と同様、利用目的や取り扱いに注意が必要である。

問題 47　引越などで住所に変更があった場合のマイナンバーカード（個人番号カード）の処置として適切なものを、次の中から選びなさい。

1　マイナンバーカード（個人番号カード）の有効期限は10年なので、特に処置する必要はない。

2　市区町村に転入届を出す際に、通知カードまたはマイナンバーカード（個人番号カード）を提出し変更してもらう。

3　住所変更しても住民票を移さないでおけばよいので、特に処置する必要はない。

問題 48　マイナンバーカード（個人番号カード）は、プラスチック製のICチップ付きカードで、券面（表裏）に氏名、住所、生年月日、性別、マイナンバー（個人番号）と本人の顔写真等が表示されている。マイナンバーカード（個人番号カード）に関する記述として適切なものを、次の中から選びなさい。

1　マイナンバー（個人番号）が知られると「なりすまし」ができてしまう。

2　プライバシー性の高い情報が記録されている。

3　ICチップは不正にアクセスされると壊れる。

問題 49　情報通信技術（ICT）の進展により膨大なパーソナルデータが収集・分析されるビッグデータ時代となった。それらのデータの取り扱いとして適切なものを、次の中から選びなさい。

1　個人情報をそのままビッグデータとして利用できる。

2　誰の情報かわからないように加工された匿名加工情報になれば、ビッグデータとして利用できる。

3　どこから入手した情報かを明らかにすれば、ビッグデータとして個人情報を利用できる。

問題 50　マイナンバー法（番号法）と改正個人情報保護法との関連を説明した記述として適切なものを、次の中から選びなさい。

1　特定個人情報も個人情報の一部なので、個人情報保護法が適用される。

2　特定個人情報は、マイナンバー法（番号法）で別なので個人情報保護法とは関係ない。

3　個人情報保護法は、5,000人以上の個人情報取扱事業者が対象の法律である。

2級

文書作成分野
問題

文書作成分野の問題（30問）を記載しています。

2級 文書作成分野　問題

■ **問題 51** ビジネス文書の中の紹介状を説明している文として適切なものを、次の中から選びなさい。

1 不明点や疑問点を問い合わせたいときに書く文書である。

2 約束事を守らず請求状を出しても効果がない場合に、より強硬な内容にして出す文書である。

3 会社や人物を、取引先などに紹介・推薦するときに用いる文書である。

■ **問題 52** ビジネス文書の中の報告書を説明している文として適切なものを、次の中から選びなさい。

1 社内用提案書の一種で、決定権者に決裁を求めるための文書である。

2 業務に関連した実施や調査の結果を報告する文書である。

3 企画を実現するために、企画の必要性を関係者に理解してもらう目的で作成する文書である。

■ **問題 53** ビジネス文書の種類のうち、社内文書に該当するものを、次の中から選びなさい。

1 注文書

2 回答状

3 稟議書

■ **問題 54** ビジネス文書の全体構成は、「（　　　）→各論→まとめ」または「（　　　）→各論」とするのが一般的である。
（　　　）に入る適切なものを、次の中から選びなさい。

1 根拠

2 概論

3 本論展開

■ **問題 55** 文書を構築する要素のうち、各論に記述すべきものを、次の中から選びなさい。

1 根拠、理由

2 課題

3 ポイントの整理

■ **問題 56** 「ゴシック体」の書体の特徴として適切なものを、次の中から選びなさい。

1 縦の線が太く、横の線が細い書体で可読性がよい。

2 縦と横の線の太さが同じ書体で、視覚的に強い特性を持つ。

3 丸みを帯びた書体でやさしい印象を与える。

■問題 **57**　「フッター」の意味として適切なものを、次の中から選びなさい。

1　ページの上部の余白に入れる文書タイトル、ページ番号、日付などを総称した言葉である。

2　ページの下部の余白に入れる文書タイトル、ページ番号、日付などを総称した言葉である。

3　本文の最後の1～5行目のことである。

■問題 **58**　段落の説明として適切なものを、次の中から選びなさい。

1　文章の中で、意味や内容のまとまりごとに区切ったもの。

2　文書の内容を端的に表現した語句、またはきわめて短い文。

3　2つ以上の語句で構成され、その語句が持つ本来の意味とは異なることを意味するもの。

■問題 **59**　一般的なビジネス文書において、1行あたりの文字数は何文字程度が適切か。次の中から選びなさい。

1　20字前後

2　作成する文書の情報量に応じて60字～100字

3　40字前後

■問題 **60**　版面率の説明として不適切なものを、次の中から選びなさい。

1　本文や図表が入る本文の領域のことである。

2　版面率の大小の違いから受ける印象は変わらない。

3　版面率が小さいと、すっきりした上品な印象を与える。

■問題 **61**　情報量が多い文書では内容を章や節に分けるが、章や節の先頭に設ける要約文のことを何というか。次の中から選びなさい。

1　柱

2　ノンブル

3　リード文

■問題 **62**　文書の目的に関する記述として適切なものを、次の中から選びなさい。

1　文書は、最終的な目的を達成するための道具である。

2　文書の目的は、文書を書き上げることである。

3　文書の目的は、上司から文書発行の承認を得ることである。

■問題 **63** 会議の「議事録」をまとめるときの留意点として不適切なものを、次の中から選びなさい。

1 決まっていないことは、未決事項としてまとめる。

2 具体的に書く。

3 発言内容をもらさずに、一字一句そのまますべて記録する。

■問題 **64** 次の枠内の文章（1つの段落）の中から主題文を選びなさい。

> 投資家のあいだに、新規株式公開（IPO）に対する不信感が広がっている。上場直後に業績予想を下方修正したり、経営者の不正が発覚したりする事例が相次いだためだ。規律の緩みは、IPOの質よりも量を優先する官民挙げた市場活性化策が招いた面も大きい。

1 投資家のあいだに、新規株式公開（IPO）に対する不信感が広がっている。

2 上場直後に業績予想を下方修正したり、経営者の不正が発覚したりする事例が相次いだためだ。

3 規律の緩みは、IPOの質よりも量を優先する官民挙げた市場活性化策が招いた面も大きい。

■問題 **65** クレーム報告書の書き方として適切なものを、次の中から選びなさい。

1 クレームの発生原因を記述する。

2 クレームの内容は、報告者の主観的な視点で具体的に記述する。

3 先方の連絡先や担当者名は省略してよい。

■問題 **66** 「保存」とは、保管している文書の中でほとんど使われないがまだ（　　　）はできないデータを、ハードディスクやDVDなどほかの電子メディアに記録しておくことを指す。
（　　　）に入る適切なものを、次の中から選びなさい。

1 廃棄

2 複写

3 承認

■問題 **67** 礼状はビジネスの場面で相手にしてもらったことに対する感謝の意を伝える文書で、（　　　）を逸してしまっては効果が半減してしまう。
（　　　）に入る適切なものを、次の中から選びなさい。

1 主題

2 目的

3 時機

■問題 68

文書を作成するときに気を付けなければならないのは、（　　　）を考えることである。
（　　　）に入る適切なものを、次の中から選びなさい。

1　時間と場所
2　概論と各論
3　読み手と目的

■問題 69

ある説明文の中に説明すべき項目が複数含まれているとき、それらを（　　　）で示す
ことで全体が整理されわかりやすくなる。
（　　　）に入る適切なものを、次の中から選びなさい。

1　一文
2　箇条書き
3　図形

■問題 70

総務部が発行した報告書で、文書番号「総務11-1201」として管理されている文書ファ
イルを、「報告書_総務11-1201.docx」というファイル名で保存した。これにならうと、
営業部が発行した企画書で、文書番号「営業12-1305」として管理されている文書ファ
イルのファイル名はどうなるか。次の中から選びなさい。

1　企画書_総務12-1305.docx
2　企画書_営業12-1305.docx
3　企画書_営業-12-1305.docx

■問題 71

動作を表す敬語として不適切なものを、次の中から選びなさい。

1　「行く」の謙譲語は「伺う」、尊敬語は「お見えになる」である。
2　「言う」の謙譲語は「申し上げる」、尊敬語は「おっしゃる」である。
3　「聞く」の謙譲語は「拝聴する」、尊敬語は「お聞きになる」である。

■問題 72

慣用句の表現として不適切なものを、次の中から選びなさい。

1　愛想を振りまく
2　足元を見る
3　公算が大きい

■問題 73

段落に関する記述として最も適切なものを、次の中から選びなさい。

1　1つの段落は1つの文章で構成する。
2　1つの段落に含まれる主題は1つにする。
3　1つの段落は200文字程度にまとめる。

問題 74 段落を構成する文の数として最も適切なものを、次の中から選びなさい。

1　1〜2文
2　5文程度
3　10文以上

問題 75 必ずしもビジネス文書の特徴であるとはいえないものを、次の中から選びなさい。

1　起承転結がある。
2　特有の慣用句がある。
3　書式が定着している。

問題 76 謙譲語の説明として適切なものを、次の中から選びなさい。

1　粗雑さを排除することで相手を敬う言葉
2　相手・第三者の行為や物事について、その人を立てる言葉
3　相手・第三者に対する行為や物事について、自分をへりくだらせる言葉

問題 77 ビジネス文書では、日付を（　　　　）に記載するのが基本である。
（　　　　）に入る適切なものを、次の中から選びなさい。

1　右上
2　左上
3　右下

問題 78 ビジネス文書における図解の役割を説明する文章のうち、不適切なものを、次の中から選びなさい。

1　文章では表現が難しい内容を示すことができる。
2　複雑な内容を整理して理解しやすい表現ができる。
3　図解では情報が誤って伝わることがあるので、ビジネス文書での使用は避けた方がよい。

問題 79 ビジネス文書を書くうえの留意点となるものを、次の中から選びなさい。

1　書き手の感情が伝わるように表現を豊かにする。
2　図解やグラフを積極的に利用してわかりやすくする。
3　臨場感が伝わるようにする。

問題 80 テンプレートファイルの役割に該当するものを、次の中から選びなさい。

1　文書の作成者以外が編集することを禁止する。
2　文書のファイル名の付け方を統一する。
3　文書の書式を統一する。

2級

データ活用分野
問題

データ活用分野の問題(30問)を記載しています。

2級 データ活用分野　問題

■問題 81

あなたは、食器を販売するお店に勤務している。このたび、新商品を購入してお店に陳列した。このような商行為を何というか。次の中から選びなさい。

1　仕入
2　返品
3　納品

■問題 82

表計算ソフト(Microsoft Excel)で「−1.432」を整数に丸めたところ、ROUNDDOWN関数で小数点以下を切り捨てた場合は「−1」に、INT関数で整数にした場合は「−2」になった。この違いに関する記述として適切なものを、次の中から選びなさい。

1　ROUNDDOWN関数は小数点以下桁数を指定できるのに対し、INT関数は小数点以下桁数を指定できないから。
2　ROUNDDOWN関数は符号を付けたまま処理するのに対し、INT関数は絶対値で端数処理をするから。
3　ROUNDDOWN関数は端数を切り捨てるのに対し、INT関数は元の値以下で最大の整数を求めるから。

■問題 83

毎日の売上などを次々に加算して求めた合計値を何というか。最も適切なものを、次の中から選びなさい。

1　累計
2　標準偏差
3　小計

■問題 84

あなたは商品の値札を作っている。定価15,000円の展示品を「現品限り25%引き」で販売することになった。このときの販売価格を、次の中から選びなさい。

1　11,250円
2　12,500円
3　3,750円

■問題 85

あなたは主力商品の売上について、対前年度比(%)を報告することになった。対前年度比(%)を計算する数式を、次の中から選びなさい。

1　対前年度比(%)=(本年度売上−前年度売上)÷前年度売上×100
2　対前年度比(%)=本年度売上÷前年度売上×100
3　対前年度比(%)=(本年度売上×前年度売上)÷(本年度売上+前年度売上)×100

■問題 **86**　あなたは上司から売上明細データを用いて得意先ごとの売上金額を報告するように指示された。最も効率的に処理できる機能を、次の中から選びなさい。

1　フィルター
2　ピボットテーブル
3　並べ替え

■問題 **87**　あなたは上司から収益性の高い商品とそうでない商品を選別し、販売戦略を立てるための資料を作成するように指示された。最も適切な手法を、次の中から選びなさい。

1　ABC分析
2　積み上げグラフ
3　レーダーチャート

■問題 **88**　あなたは上司から今度の会議資料として、各支店の売上金額と売上目標達成率がわかるグラフを作成するように指示された。最も適切なものを、次の中から選びなさい。

1　複合グラフ
2　円グラフ
3　折れ線グラフ

■問題 **89**　税別価格20,000円の商品を8％引きで販売する場合、消費税10％を含む販売価格はいくらになるか。適切なものを、次の中から選びなさい。なお、1円未満は切り捨てるものとする。

1　18,400円
2　20,000円
3　20,240円

■問題 **90**　棚卸しの説明として適切なものを、次の中から選びなさい。

1　商品や材料を倉庫から出して使用すること。
2　商品や材料の帳簿上の在庫量を調べること。
3　商品や材料の現実の在庫量を調べること。

■問題 **91**　ドリルダウンの説明として適切なものを、次の中から選びなさい。

1　集計されたデータを掘り下げていくと、明細データにたどり着けるようになっているデータ構造やシステムのことである。
2　意思決定を上層から下層に流していく手法のことである。
3　計画立案や説明において、全体から細部に向かって進めていく手法のことである。

■ **問題 92**　損益分岐点の説明として適切なものを、次の中から選びなさい。

1　「売上高=固定費+変動費」となる点

2　「売上高=目標値×0.8」となる点

3　「粗利率=30%」となる点

■ **問題 93**　表計算ソフト（Microsoft Excel）で作成した表が複数ページに渡っているので、ページ番号を振りたい。どの機能を使えば、全ページにページ番号を振ることができるか。次の中から選びなさい。

1　ヘッダー/フッター機能

2　シートの分割機能

3　プリンターのウォーターマーク挿入機能

■ **問題 94**　表計算ソフト（Microsoft Excel）の数式内に「A$1」という表記がされていたが、このセルの指定方法を何というか。次の中から選びなさい。

1　相対参照

2　絶対参照

3　複合参照

■ **問題 95**　店舗で商品を販売するごとに商品の販売情報を記録し、集計結果を在庫管理やマーケティング材料などに用いるシステムを何というか。次の中から選びなさい。

1　POSシステム

2　販売管理システム

3　在庫管理システム

■ **問題 96**　表計算ソフト（Microsoft Excel）にデータを取り込む際に、適したデータ形式はどれか。最も適切なものを、次の中から選びなさい。

1　PDF形式のデータ

2　CSV形式のデータ

3　DOCX形式のデータ

■ **問題 97**　CSVファイル特有の問題点として不適切なものを、次の中から選びなさい。

1　長らく規格が存在せず慣習で書式が決められていたため、ソフトによって微妙な差があり、問題となることがある。

2　データの型に関する情報を含めることができないため、ソフト間でデータの取り扱いに食い違いが生じることがある。

3　OSやソフトによって文字コードや改行コードが異なるため、データ交換できないことがある。

問題 98 売上などのデータをさまざまな切り口で集計・分析するためには、（　　　　）保存しておくことが重要なポイントとなる。

（　　　　）に入る適切なものを、次の中から選びなさい。

1 詳細な最小単位データとして
2 日付順や製品順などに並べ替えて
3 データ量を減らすためにある程度集計して

問題 99 売上高18,000千円、変動費12,500千円、限界利益5,500千円、固定費4,000千円のとき、利益はいくらになるか。適切なものを、次の中から選びなさい。

1 1,500千円
2 5,500千円
3 9,500千円

問題 100 代金56,500円を受け取った際に渡す領収証には、いくらの収入印紙を貼らなければならないか。適切な金額を、次の中から選びなさい。

1 1,000円
2 400円
3 200円

問題 101 「販売価格−仕入価格」で求められるものは何か。次の中から選びなさい。

1 オープン価格
2 売買差益
3 リベート

問題 102 限界利益を求める数式を、次の中から選びなさい。

1 売上高−固定費
2 売上高−変動費
3 粗利益−固定費

問題 103 あなたは経理担当者で会計ソフトのデータを使用して、表計算ソフトで集計したいと考えている。会計ソフトのデータを表計算ソフトで読み込める形式に出力する作業を何というか。次の中から選びなさい。

1 インポート
2 エクスポート
3 アウトプット

問題 104 一般管理費の説明として適切なものを、次の中から選びなさい。

1 一時的に勘定科目や金額が定まっていない支払いのこと。
2 主に営業・総務部門の販売業務や一般管理業務で発生する費用のこと。
3 材料費など、製品の製造に必要な費用のこと。

■問題 **105** 表計算ソフト（Microsoft Excel）で、繰り返し行われる作業を自動化するために使う機能は何か。次の中から選びなさい。

1　マクロ
2　条件付き書式
3　オートコレクト

■問題 **106** 出張経費の支払い時など、勘定科目が未確定な場合に一時的に用いる勘定科目は何か。最も適切なものを、次の中から選びなさい。

1　仮払金
2　未払金
3　前渡金

■問題 **107** 売上伸び率を条件として各支店の来期の売上目標を決める場合、表計算ソフト（Microsoft Excel）のどの機能を使えばよいか。最も適切なものを、次の中から選びなさい。

1　INDEX関数
2　COUNT関数
3　IF関数

■問題 **108** 表計算ソフト（Microsoft Excel）で、条件に合わない行を表示しないようにするために使う機能は何か。次の中から選びなさい。

1　フィルター
2　入力規則
3　スキーマ

■問題 **109** 収益から費用を差し引いた金額を利益として表示する報告書のことで、企業の一定期間における経営成績を明らかにするものを何というか。次の中から選びなさい。

1　貸借対照表
2　損益計算書
3　キャッシュフロー計算書

■問題 **110** 一般に、製造業において製品の（　　　　）を下げることは、企業利益の増大に結び付く。（　　　　）に入る適切なものを、次の中から選びなさい。

1　製造原価
2　固定費
3　希望小売価格

2級

プレゼン資料作成分野 問題

プレゼン資料作成分野の問題（30問）を記載しています。

2級 プレゼン資料作成分野　問題

■問題 **111**　次に示す語句の中から色の三属性であるものを選びなさい。

1　明度

2　輝度

3　コントラスト

■問題 **112**　一般にプレゼンテーションは、企画→（　　　　）→プレゼン資料作成→実施→アフター
フォローの5ステップで行います。
（　　　　）に入る適切なものを、次の中から選びなさい。

1　立案

2　報告

3　設計

■問題 **113**　一般に会社組織の階層構造を表現するのに適した図解はどれか。次の中から選びな
さい。

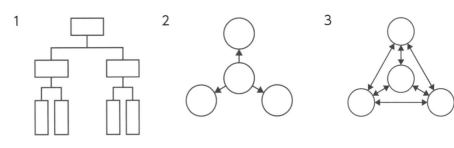

■問題 **114**　プレゼン本論の展開として、一般的とは考えられないものを、次の中から選びなさい。

1　解決策→問題点の順に並べる。

2　情報の多い順に並べる。

3　時系列に並べる。

■問題 **115**　箇条書きに関する記述として適切なものを、次の中から選びなさい。

1　箇条書き部分は「である調」にしなければならない。

2　箇条書きは情報を整理して示せるので、積極的に利用するとよい。

3　項目数が少ないと箇条書きの効果が薄れるので、項目数を10以上にするのがよい。

■ 問題 **116** スライドに写真を活用するメリットとして適切なものを、次の中から選びなさい。

1 一目瞭然にイメージが伝わる。

2 スライドの内容に親しみを与える。

3 イラストよりもわかりやすい。

■ 問題 **117** この矢印が示す意味を次の中から選びなさい。

1 相互作用

2 対立

3 反射

■ 問題 **118** プレゼン資料のスライドを作成する場合、本文のフォントサイズはどのくらいが適切か。次の中から選びなさい。

1 10.5ポイント

2 20ポイント

3 35ポイント

■ 問題 **119** プレゼン資料作成力の説明として適切なものを、次の中から選びなさい。

1 プレゼン資料作成力には、表現力、図表作成力、データ作成力がある。

2 プレゼン資料作成力には、表現力、高度な計算力、図表作成力がある。

3 プレゼン資料作成力には、デザイン力、データ作成力、文章力がある。

■ 問題 **120** プレゼンの企画・設計に関する記述として適切なものを、次の中から選びなさい。

1 プレゼンの設計を先に行ってから、プレゼンの主題・目的の明確化などの企画を行うこともある。

2 プレゼンの企画・設計には、プレゼンの資料作成も含まれる。

3 プレゼンの企画・設計には、聞き手の分析も含まれる。

■ 問題 **121** プレゼンの企画のために収集する資料を一次資料と二次資料に分けたとき、一次資料に含まれるものを、次の中から選びなさい。

1 発表者側で実施したアンケート

2 第三者が実施したアンケート

3 企業のWebサイトに掲載されていたアンケート

■ 問題 **122** 説明の順序が時系列になっていないものを、次の中から選びなさい。

1 今後→現在→過去

2 過去→現在→未来

3 結果→理由→まとめ

■ 問題 **123**　空間的に図解でまとめた例に当てはまらないプレゼンの説明を、次の中から選びなさい。

1　緊急度大、緊急度中、緊急度小

2　ワークエリア、ミーティングエリア、ユーティリティーエリア

3　一般従業員、管理職層、経営層

■ 問題 **124**　序論、本論、まとめの三部構成のプレゼンに関する記述として適切なものを、次の中から選びなさい。

1　結論を序論で述べるのは避けるべきである。

2　根拠や理由は本論で話す。

3　まとめでは、聞き手の注意を喚起する。

■ 問題 **125**　序論、本論、質疑応答の中で、最も時間をかけて説明するものを、次の中から選びなさい。

1　序論

2　本論

3　質疑応答

■ 問題 **126**　帰納法の説明として適切なものを、次の中から選びなさい。

1　結論を述べてから原理と原則に戻り、理由を展開しながら述べる方法である。

2　いろいろな事実から共通点を見つけ出して結論を導き出す方法である。

3　起承転結に準じて理論展開する方法である。

■ 問題 **127**　あるスライドから別のスライドにリンクを設定する目的に関する記述として適切なものを、次の中から選びなさい。

1　補助的な情報や参考情報は投影だけにして、配布資料には含めないようにするために行う。

2　同じスライドを、複数作成しなくてもよくなるようにするために行う。

3　スライドの投影パターンに変化を付けるために行う。

■ 問題 **128**　ある図解の中で、図形Aと図形Bの色の位置が、次のカラーパレット上のような関係にある。図形Aと図形Bの関係として最も適切なものを、次の中から選びなさい。

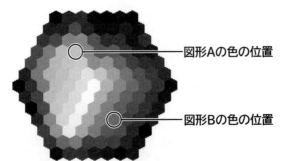

図形Aの色の位置

図形Bの色の位置

1　正順

2　並列

3　対比

■ **問題 129** 本論展開のアプローチのひとつであるボトムアップに関する記述として適切なものを、次の中から選びなさい。

1 集めた資料を整理することから始める。

2 最初に結論を述べる。

3 資料の整理と結論の展開を同時に進める。

■ **問題 130** プレゼン資料の作成に関する記述として適切なものを、次の中から選びなさい。

1 プレゼン資料の内容は、企画・設計が確定する前に作成する。

2 プレゼン資料のデータを作成したら、一般にそのデータを利用して配布資料も作成する。

3 プレゼン資料には配布資料を含めない。

■ **問題 131** HSLカラーモデルの色合いに関する記述として適切なものを、次の中から選びなさい。

1 光量を表している。

2 色相を表している。

3 彩度を表している。

■ **問題 132** グラデーションを効果的に使える場合を示したものとして適切なものを、次の中から選びなさい。

1 図解の中の特定の図解の印象を弱めたいとき

2 図解の重要度に変化を付けたいとき

3 図解の中の2つの図形のあいだにある緊密な関係を示したいとき

■ **問題 133** スライドに使用するフォントとして最も適切なものを、次の中から選びなさい。

1 メイリオ

2 Arial

3 AR P悠々ゴシック体

■ **問題 134** 座標図を用いた図に関する記述として適切なものを、次の中から選びなさい。

1 座標図は、折れ線グラフの各プロットに縦軸・横軸の数値を表示することで、要素の詳細な位置関係がわかる。

2 座標図は、縦軸・横軸に変数を設定して作った座標平面の任意の位置に、要素を配置して作る。

3 座標図は、マトリックス図よりも大まかに要素の位置関係を表すときに使う。

■**問題 135**　プレゼンの質疑応答に関する記述として不適切なものを、次の中から選びなさい。

1　その場で回答できないときは、「お調べして後日回答いたします」といった答え方をするのがよい。

2　質問があったときは、質問内容を整理し確認してから答えるのがよい。

3　質問はすべてその場で答え、3問程度で終了するのが望ましい。

■**問題 136**　スライドの作り方に関する記述として適切なものを、次の中から選びなさい。

1　1枚のスライドには可能な限り多くの情報を盛り込み、余白を作らない。

2　1枚のスライドで1つの事柄を説明する。

3　やむをえない場合以外は箇条書きを使わず、文章で示した方が内容が正確に伝わる。

■**問題 137**　アニメーションの説明として適切なものを、次の中から選びなさい。

1　じっくり説明したい箇所だけ重点的にアニメーションを設定するなどの工夫をすると効果が上がる。

2　できる限り多くの種類のアニメーションを使うと、プレゼンの効果を高めることができる。

3　箇条書きにはすべてアニメーションを使い、1つずつ表示するのが望ましい。

■**問題 138**　スライドに挿入する動画に関する記述として不適切なものを、次の中から選びなさい。

1　プレゼンテーションに動画を埋め込むと、ファイルサイズが大きくなる。

2　動画のファイルを取り込むことはできない。

3　動画は、動画のアイコンをクリックすると再生するように設定できる。

■**問題 139**　スライドに挿入する音楽に関する記述として不適切なものを、次の中から選びなさい。

1　音楽は、画面を切り替えると再生するように設定できる。

2　音楽は、音楽のアイコンをクリックすると再生するように設定できる。

3　スライドに音楽を挿入することはできない。

■**問題 140**　聞き手に対する気の配り方に関する記述として適切なものを、次の中から選びなさい。

1　キーパーソンを意識しながらプレゼンを行うのがよい。

2　聞き手に対して、前列から順番に1人ずつ目を合わせながらプレゼンを行うのがよい。

3　プレッシャーを与えないように開始から終了まで、すべての聞き手に目を合わせないようにしてプレゼンを行うのがよい。

よくわかるマスター
改訂版
日商PC検定試験
文書作成・データ活用・プレゼン資料作成　2級
知識科目　公式問題集

（FPT2104）

2021年6月3日　初版発行
2024年7月25日　初版第5刷発行

©編者：日本商工会議所　IT活用能力検定研究会

発行者： 佐竹　秀彦

発行所： FOM出版（株式会社富士通ラーニングメディア）
　　　　エフオーエム
　　　　〒212-0014　神奈川県川崎市幸区大宮町1番地5　JR川崎タワー
　　　　https://www.fom.fujitsu.com/goods/

印刷／製本：株式会社サンヨー

表紙デザインシステム：株式会社アイロン・ママ

●本書は、構成・文章・プログラム・画像・データなどのすべてにおいて、著作権法上の保護を受けています。
　本書の一部あるいは全部について、いかなる方法においても複写・複製など、著作権法上で規定された権利を
　侵害する行為を行うことは禁じられています。
●本書に関するご質問は、ホームページまたはメールにてお寄せください。
　＜ホームページ＞
　上記ホームページ内の「FOM出版」から「QAサポート」にアクセスし、「QAフォームのご案内」からQAフォームを
　選択して、必要事項をご記入の上、送信してください。
　＜メール＞
　FOM-shuppan-QA@cs.jp.fujitsu.com
　なお、次の点に関しては、あらかじめご了承ください。
　・ご質問の内容によっては、回答に日数を要する場合があります。
　・本書の範囲を超えるご質問にはお答えできません。
　・電話やFAXによるご質問には一切応じておりません。
●本製品に起因してご使用者に直接または間接的損害が生じても、日本商工会議所および株式会社富士通
　ラーニングメディアはいかなる責任も負わないものとし、一切の賠償などは行わないものとします。
●本書に記載された内容などは、予告なく変更される場合があります。
●落丁・乱丁はお取り替えいたします。

© 日本商工会議所 2021
Printed in Japan

FOM出版テキスト

最新情報
のご案内

FOM出版では、お客様の利用シーンに合わせて、最適なテキストを
ご提供するために、様々なシリーズをご用意しています。

FOM出版 　🔍検索

https://www.fom.fujitsu.com/goods/

FAQのご案内

[テキストに関する
よくあるご質問]

FOM出版テキストのお客様Q&A窓口に皆様から多く寄せられた
ご質問に回答を付けて掲載しています。

FOM出版　FAQ　🔍検索

https://www.fom.fujitsu.com/goods/faq/

緑色の用紙の内側に、別冊「解答と解説」が添付されています。

別冊は必要に応じて取りはずせます。取りはずす場合は、この用紙を1枚めくっていただき、別冊の根元を持って、ゆっくりと引き抜いてください。

よくわかるマスター
改訂版
日商PC検定試験
文書作成・データ活用・プレゼン資料作成　2級
知識科目　公式問題集

解答と解説

■問題1　(解答) **3　請求書**

(解説) 請求書は、商品やサービスを提供した側が、提供を受けた側に対して代金の支払いを求める書類である。

注文請書は、注文を受けた側が、注文をした側に対して注文を受け付けたことを示すための書類である。

物品受領書は、商品やサービスの提供を受けた側が、提供した側に対して、商品やサービスを受け取ったことを示す書類である。

■問題2　(解答) **2　グループウェア**

(解説) グループウェアはその名のとおり、複数の人（グループ）が情報を共有する目的のために作られたソフトである。

ドライバーには複数の意味があるが、ソフトの種類を指す場合には、特定のハードを制御するソフトであるデバイスドライバーのことを意味する。

ウイルス対策ソフトは有害なソフト（マルウェア）からパソコンを守るためのソフトを指す。

■問題3　(解答) **3　e-文書法**

(解説) 法律で紙による保存が義務付けられていることが、IT化を推進するうえでブレーキとなってしまうことがある。そこで電子的な方法で記録し保存することを認めるために、新たに作られた2つの法律「民間事業者等が行う書面の保存等における情報通信の技術の利用に関する法律」と「民間事業者等が行う書面の保存等における情報通信の技術の利用に関する法律の施行に伴う関係法律の整備等に関する法律」を総称してe-文書法と呼ぶ。

電子契約法は、電子署名技術を利用した電子的な契約の取り交わしについて、書面と印鑑による契約締結と同じ効力を法的に認めるための法律である。

特定商取引法は、通信販売や訪問販売に対する義務を定めた法律である。

■問題4　(解答) **1　フォルダーの名前（フォルダー名）に漢字やひらがなを使用することはできない。**

(解説) フォルダーは、複数のファイルやフォルダーをまとめて管理するためのものであり、現在のほとんどのパソコン用OSはその機能を備えている。フォルダーは階層構造にできるのが一般的なので、フォルダーの中にフォルダーを作ることができる。また、名前については（日本語に対応したOSであれば）漢字やひらがなを使えるのが一般的である。ただし、名前は特定のファイルやフォルダーを識別するものであるため、1つのフォルダー内で重複することは許されない。

■ 問題5　解答　**1　vCard**

解説　vCardは、名前、住所、メールアドレスなどを表現する形式であり、Outlookなどが対応している。

XMLは、「eXtensible Markup Language」の略であり、HTMLと同様にタグによって情報を表現する規格の名称である。

CADは、「Computer Aided Design」の略であり、機械、電気・電子、建築などの分野で設計を支援するために利用されるソフトを指す。

■ 問題6　解答　**3　非可逆圧縮方式で圧縮された情報は、完全に元に戻すことはできない。**

解説　可逆圧縮では、元の情報を表現するのに必要な最低情報量より少なく圧縮することはしない。しかし、非可逆圧縮では最低情報量より少なく圧縮してしまう。このため、非可逆圧縮の方が情報を圧縮することができる（圧縮率が高い）が、元の情報を表現するのに必要な最低情報量を下回っているので、復元したときには完全に元に戻らない。このような非可逆圧縮は、完全に復元できなくても実害がない映像や音声などを圧縮するのに用いられる。

■ 問題7　解答　**3　秘密鍵、公開鍵、電子証明書の3つ**

解説　電子署名とは、対象となるもの（この問題の場合には送信するメールの本文）が途中で改ざんされていないことを保証するために付けるものである。したがって、単に自分のメールアドレスやサインが添付されているわけではない。対象となるものに対して、公開鍵暗号技術を応用した処理（計算）が行われなければならない。

■ 問題8　解答　**3　XMLのタグには日本語を使うことができない。**

解説　元来、XMLは文書を表現するために考えられたものであるが、XMLの規格に従ってデータベースで扱う表形式のデータを表現することにも応用されている。また、XML規格に従ってHTMLを定義しなおした規格がW3C（World Wide Web Consortium）によって規定されており、XHTMLと呼ばれている。

XMLの規格ではタグに漢字や仮名を使用することが認められている。ただし、記号は全角・半角に関わらずタグに使用することは許されない。

■ 問題9　解答　**1　スタイルシート**

解説　HTMLやXMLで利用されるスタイル定義用のシートをスタイルシートと呼ぶ。

スプレッドシートは、いわゆる表計算ソフトの別名である。また、表計算ソフトの作業用のシートを指す場合もある。

マークシートは入学試験などで採用されている解答方法のひとつである。

■ 問題10　解答　**3　Blu-rayディスク**

解説　CDの記録容量は650MBまたは700MB、DVDは片面一層の場合で4.7GB、Blu-rayディスクは一層の場合で25GBとなる。

DVDには両面二層までの規格があるが、両面ディスクは扱いにくいのであまり普及していない。

Blu-rayディスクには両面の規格がなく片面のみとなる。また、層に関しては四層までが規格になっている。二層で50GB、三層で100GB、四層で128GBとなっており、大容量化が進んでいる。

共通分野

文書作成分野

データ活用分野

プレゼン資料作成分野

解答記入シート

■ **問題 11**　解答 **2**　PDF Readerソフト

解説　PDFは、元々アドビシステムズ社が開発したものであり、それが普及してISO規格になった。通常、PDFファイルを開くためにはReaderソフトが必要であるが、ISO規格になったため、パソコンやスマートフォン、タブレットなどでPDFを閲覧するためのフリーソフトが多く出回っている。
スクリーンショットソフトは、表示中の画面を画像として切り出すソフトである。

■ **問題 12**　解答 **2**　定量データ

解説　ビジネスで売上金額や数量などグラフにできるデータを定量データ、それ以外の図形や写真、イラストなどのデータを定性データと呼ぶ。文書で表すデータなども定性データといえる。
なお、定常データという言葉はあまり日常的ではないが、対象がほとんど変化しない状態で収集されたデータをこのように呼ぶ。

■ **問題 13**　解答 **1**　アウトライン機能

解説　アウトラインとは、直訳すれば「外側の線」になるが、これは全体像を意味する。通常のアウトライン機能は、アウトライン状態では全体概略が表示され、そこから一部分を選択するとその詳細が表示される。
マクロ機能は、一連の操作を記録し、あとでそれを繰り返し自動実行できるようにする機能である。
プレビュー機能は、代表的なものとして印刷プレビュー機能があり、プリンターでの印刷結果がどうなるかを事前にディスプレイ上で確認できる。

■ **問題 14**　解答 **1**　マーケティング

解説　リスクマネジメントは、リスク（脅威）を管理することであり、リスクの発生を抑制したり、リスクが発生した場合でも被害を最小限にとどめたりすることを目的とする。
ISMSは、「Information Security Management System」の略であり、情報セキュリティー管理のことである。

■ **問題 15**　解答 **1**　社内共通の場所に情報を一元化する。

解説　同じ情報が複数の箇所に存在すると、それらの同期をとるための手間が必要になる。同期を怠ると情報に食い違いが生じてしまう。
それを防ぐためには、情報は一箇所に集中させて一元管理すればよい。

■ **問題 16**　解答 **2**　SSD

解説　SSDは、「Solid State Drive」の略であり、ハードディスクの代わりとして動作する記憶装置である。ハードディスクと比べて、読み書きが早く、衝撃耐久性の面で優れている。

■問題 17　(解答)　**1**　デジタルタイムスタンプ

(解説)　電子証明書は、公開鍵の持ち主が誰かを証明するものである。

PKIは、「Public Key Infrastructure」の略であり、公開鍵基盤または公開鍵暗号基盤と呼ばれる。これは公開鍵暗号技術を応用した社会基盤のことである。

デジタルタイムスタンプも公開鍵暗号技術を応用しており、基礎部分で電子証明書を利用している。

■問題 18　(解答)　**2**　SaaS

(解説)　SaaSは、「Software as a Service」の略である。Microsoft 365（旧称：Office 365）はSaaSでの提供となり、インターネット経由で利用できる。

MaaSは、「Mobility as a Service」の略であり、移動ニーズに対応した複数の公共交通やそれ以外の移動サービスを最適に組み合わせて、検索・予約・決済等を一括で行うサービスの総称である。

PaaSは、「Platform as a Service」の略であり、インターネット経由でサーバー環境などのプラットフォームを利用できるサービスの総称である。

■問題 19　(解答)　**1**　発生入力段階

(解説)　ネット社会では、情報が発生して電子化された瞬間から共有が可能である。

■問題 20　(解答)　**3**　GPS

(解説)　人工衛星を利用した測位システムは、「Global Positioning System」と呼ばれ、略称は「GPS」である。

ETCは、「Electronic Toll Collection system」の略であり、有料道路における通行料の徴収を電子的に行うシステムを指す。

IPAは、「Information-technology Promotion Agency, Japan」の略であり、独立行政法人情報処理推進機構という政府関係機関を指す。

■問題 21　(解答)　**2**　[Ctrl]＋[P]

(解説)　[Print Screen SysRq]は、現在画面に表示されている内容を画像としてクリップボードにコピーする場合に使用する。クリップボードに置かれた画像は、文書作成ソフトや画像編集ソフトのドキュメントに貼り付ける（ペーストする）ことで見られるようになる。

[Alt]は、場合によってさまざまな意味を持ち、[Alt]＋[P]でどのような動作になるかはアプリケーションソフトに依存する。

■問題 22　(解答)　**3**　[Ctrl]＋[O]

(解説)　[Ctrl]＋[A]は全選択を行う操作である。何が選択されるかはアプリケーションソフトやそのときの作業状況により異なる。

[Ctrl]＋[C]は選択されている内容をクリップボードへコピーする操作である。

■問題23 （解答） **3** XMLはレイアウト情報を含むデータ形式である。

（解説） XMLはW3C (World Wide Web Consortium) の勧告によって国際標準となっている規格であり、OSやアプリケーションソフトに依存せずにデータを表現する目的で作られたものである。したがって、XMLで表現されたデータはテキストだけで構成され、そこにはOS、アプリケーションソフト、動作環境などに依存する情報は含まれない。

■問題24 （解答） **1** HTML

（解説） Webページを記述するためのHTMLは、「HyperText Markup Language」の略であり、SGMLという文書記述用マークアップ言語を応用して作られたものである。CSSは、「Cascading Style Sheets」の略であり、スタイルシートの規格の一種である。HTML用という位置付けで考案されているが、XMLで表現された文書情報を表示するときにも利用が可能である。
XSLもスタイルシートの一種であり、「eXtensible Stylesheet Language」の略である。XSLはXML用のスタイルシートという位置付けである。

■問題25 （解答） **3** 取引情報がXML形式であれば、必要な項目だけを取り出して処理することができる。

（解説） XMLはマークアップ言語なので、情報はタグによって区切られている。そのため、並び順が入れ替わってもタグを頼りに項目を識別できる。また、必要な項目だけを取り出すことも容易である。
XML形式のデータがテキスト形式であることは事実であり、XML規格自体になりすましや改ざんを防止する機能がないのも事実である。しかし、PKIを用いた電子署名技術や暗号技術を併用することで、なりすましや改ざんを防止できる。

■問題26 （解答） **2** AR

（解説） ARは、「Augmented Reality」の略であり、現実に拡張した情報を追加する技術のことで、拡張現実ともいう。
VRは、「Virtual Reality」の略であり、あたかも現実であるかのように仮想的な空間が体験できる技術のことで、仮想現実ともいう。
VPNは、「Virtual Private Network」の略であり、インターネット上に仮想の専用線の機能を提供するサービスである。

■問題27 （解答） **2** ワンスオンリー

（解説） デジタルファーストとは、個々の手続・サービスが一貫してデジタルで完結することである。
コネクテッド・ワンストップとは、民間サービスを含め、複数の手続・サービスをワンストップ（窓口の一本化）で実現することである。

■問題28 （解答） **2** プロトコル

（解説） ポリシーとは、方針のことである。
IoTは、「Internet of Things」の略であり、家電製品をはじめ、いろいろなモノがインターネットに接続しあって情報交換や制御することができる仕組みである。

■ 問題 29　(解答) **1　フィッシング**

(解説) 詐欺目的で偽装したWebサイトをフィッシングサイト、偽装メールをフィッシングメールと呼ぶ。そして、それらを利用した詐欺をフィッシング詐欺という。
ランサムウェアは、コンピューターやファイルを使用不可能にしたうえで、それらを元に戻す代わりに身代金を要求する不正なプログラムのことである。
クラッキングは、悪意を持った人間がセキュリティーを破ろうとする行為のことである。

■ 問題 30　(解答) **2　掲載されているWebサイトのURLを会議のメンバーにメールで知らせた。**

(解説) 著作権者に無断で著作物を利用すると著作権侵害となる。引用については「引用だから許される」という間違った解釈をされることが多いが、引用ならどのような場合でも許されるわけでなく、法的に引用が認められるためには厳しい条件がある。その観点で見ると、一般企業が作成する資料について引用が認められるケースはほとんどない。

■ 問題 31　(解答) **1　⌊Ctrl⌋**

(解説) ⌊Shift⌋は、「連続選択」または「範囲選択」の意味を持ったキーである。
⌊Alt⌋は、「Alternate」の略であり、使用方法の一例としては、Microsoft Excelにおいてセル内で改行をするときに、改行したい位置で⌊Alt⌋を押したまま⌊Enter⌋を押す操作などが挙げられる。

■ 問題 32　(解答) **3　意見**

(解説) 情報を受ける立場で考えると、その内容が事実であるのか、誰かの感想、希望、推測などであるのかによって、情報の受け止め方や対処が変わる。したがって、情報を提供する場合には、相手がその点を区別できるように注意しなければならない。

■ 問題 33　(解答) **1　同期をとる**

(解説) 分散している情報の内容を一致させることを「同期をとる」という。
同期をとる必要をなくすためには、分散している情報を一箇所に集めて集中管理すればよい。これを「一元管理する」という。
「復元する」とは元に戻すことであり、破損または変更してしまった情報を以前の状態に戻すことを指す。

■ 問題 34　(解答) **2　入力内容を統一**

(解説) 電子データはさまざまな用途に使い回せる点にメリットがある。その際、同じものが異なる語句で表現されていたり、半角・全角の使い分けが統一されていなかったりすると、検索や並べ替えに支障をきたす場合がある。データ量が少なければ入力したあとからでも修正するのは容易であるが、データ量が多いと修正の必要があるものを探し出すだけでも大変な労力となってしまう。したがって、データを入力する際に入力内容を統一しておくのが効率的な方法である。

2級 共通分野 解答と解説

■ 問題 35 （解答） **1** 買掛金

（解説） 売掛金とは、あとで代金を受け取る約束で、商品を販売する代金のことである。
支払手数料とは、買掛金などを支払うときに発生する手数料のことで、銀行振込で発生する振込手数料などが該当する。

■ 問題 36 （解答） **1** 共有

（解説） ネット社会では、社内にいるか社外にいるかに関係なく、つながった状態になる。それにより情報の共有が可能になる。
暗号化は、情報を保護するための手段で、ネット社会の安全を維持する重要な技術であるが、質問の文章とは関係がない。
圧縮は、情報をより少ない量で表現することであり、やはり質問の文章とは関係がない。

■ 問題 37 （解答） **3** HUB

（解説） 無停電電源装置は、停電時にコンピューターや周辺機器へ電気を供給するものであり、写真のような多数のネットワークポートは持たない。
無線LANアクセスポイントは、ネットワーク機器という点でHUBと共通性はあるが、写真の機器には無線LAN特有のアンテナがない。
HUBは、多数のネットワーク機器が接続されるので、多数のネットワークポートを持っている。ただし、家庭用に関しては接続される機器の台数が少ないことから、ポート数が少数のHUBも存在する。

■ 問題 38 （解答） **1** DX

（解説） AIは、「Artficial Intelligence」の略であり、人工知能のことである。AIの技術として、機械学習や深層学習 (ディープラーニング) が注目されている。
ICTは、「Information and Communication Technology」の略であり、情報通信技術のことである。IT (Information Technology：情報技術) とほぼ同じ意味になる。

■ 問題 39 （解答） **1** EDI

（解説） EDIは、「Electronic Data Interchange」の略であり、直訳すると電子データ交換となる。
BtoBは企業間取引自体を指すものであり、その中でEDIが利用される場合がある。
GPKIは、「Government Public Key Infrastructure」の略であり、政府認証基盤と訳される。これは、電子的な申請・届出・通知などを実現するために、政府・行政機関側の認証基盤として構築されたものである。

7

■問題40 （解答）**2** RPA

（解説）RPAは、「Robotic Process Automation」の略であり、インターネット上のデータを取り込む（Webスクレイピング）ような定型業務を、ソフトウェアによって自動化することである。RPAによって、業務の効率化が図れる。

VBAは、「Visual Basic for Applications」の略であり、Microsoft社のVisual Basicをベースとしたビジネスアプリケーションソフト用のプログラム言語である。Excelだけではなく、WordやAccess等にも対応している。

■問題41 （解答）**2** 個人情報にマイナンバー（個人番号）が追加されたもの。

（解説）特定個人情報とは、個人情報にマイナンバー（個人番号）が付与された情報である。マイナンバー法（番号法）に基づいて取り扱いに関して利用目的や利用範囲など詳細に規定されており、情報漏えいなどすると厳しい罰則規定があり、注意が必要である。

■問題42 （解答）**2** 日本国籍のある人全員にマイナンバー（個人番号）は振られる。

（解説）海外に移住している日本人などには、日本国籍であってもマイナンバー（個人番号）は振られない。そのほか外国籍でも住民票があればマイナンバー（個人番号）は振られる。

■問題43 （解答）**2** マイナンバー（個人番号）が漏えいし不正に利用される恐れがある場合、変更できる。

（解説）マイナンバー（個人番号）は原則生涯同じ番号を使い続ける。自由に変更することはできない。ただし、不正に利用される恐れがあると認められた場合は、本人の申請または市区町村長の職権により変更することができる。

■問題44 （解答）**3** デジタルサイネージ

（解説）デジタルホワイトボードは、インタラクティブホワイトボード、電子黒板ともいわれており、パソコン等の画面を表示させる大型ディスプレイである。学校だけではなく、企業等でのオンライン会議などでも使用されるようになっている。

電子掲示板とは、BBSともいわれ、インターネット上で記事（スレッドなど）を書き込んだり、閲覧したりできる仕組みである。

■問題45 （解答）**2** 秘密鍵

（解説）平文を公開鍵を使用して暗号化したものは、秘密鍵を使用して復号する。これを公開鍵暗号方式という。

共通鍵暗号方式は、暗号化と復号で同じ鍵（共通鍵）を使用する。

■ 問題 46　解答　**2**　法人番号は、13桁の数字でマイナンバー（個人番号）と違い、自由に利用することができる。

解説　法人番号は、株式会社などの法人に指定される13桁の番号で、マイナンバー（個人番号）と異なり、原則として公表され、誰でも自由に利用することができる。企業版マイナンバーとも呼ばれる。
　　　ホームページや請求書、領収書などに企業名と一緒に使用されるのが望ましい。また、国税庁法人番号公表サイト（https://www.houjin-bangou.nta.go.jp/）で法人番号をキーとした検索なども可能となっている。

■ 問題 47　解答　**2**　市区町村に転入届を出す際に、通知カードまたはマイナンバーカード（個人番号カード）を提出し変更してもらう。

解説　引越などで市区町村に転入届を出すときは、通知カードまたはマイナンバーカード（個人番号カード）を同時に提出し、カードの記載内容を変更してもらう。それ以外の場合でも、通知カードまたはマイナンバーカード（個人番号カード）の記載内容に変更があったときは、14日以内に市区町村に届け出て、カードの記載内容を変更する必要がある。

■ 問題 48　解答　**3**　ICチップは不正にアクセスされると壊れる。

解説　マイナンバーカード（個人番号カード）には、様々な安全対策が施されていて、他人が悪用（なりすまし）できないようになっている。
　　　また、ICチップには税や年金などのプライバシー性の高い個人情報は記録されていない。しかも、不正に情報を読み出そうとするとICチップが壊れる仕組みになっている。

■ 問題 49　解答　**2**　誰の情報かわからないように加工された匿名加工情報になれば、ビッグデータとして利用できる。

解説　改正個人情報保護法では、個人情報の定義を明確化することによりグレーゾーンを解決し、また、誰の情報かわからないように加工された「匿名加工情報」について、企業の自由な利活用を認めることにより経済を活性化する、という内容に改正された。

■ 問題 50　解答　**1**　特定個人情報も個人情報の一部なので、個人情報保護法が適用される。

解説　特定個人情報も個人情報の一部なので、原則として個人情報保護法が適用される。さらに特定個人情報は、マイナンバー（個人番号）によって名寄せなどが行われるリスクがあることから、個人情報保護法よりも厳しい保護措置をマイナンバー法（番号法）で上乗せしている。また、マイナンバー法（番号法）の保護措置は、小規模な事業者にも適用される。
　　　なお、個人情報保護法は2015年の改正によって、5000人以上の要件が廃止され、個人情報を扱うすべての事業者が対象となった。

■ **問題51**　（解答）**3**　会社や人物を、取引先などに紹介・推薦するときに用いる文書である。

（解説）1は照会状、2は督促状の説明である。

■ **問題52**　（解答）**2**　業務に関連した実施や調査の結果を報告する文書である。

（解説）1は稟議書、3は企画書の説明である。

■ **問題53**　（解答）**3**　稟議書

（解説）稟議書は、決定権者に決済を求めるための社内文書である。

注文書は、商品やサービスを購入するときに、発注先に対して発行する社外文書である。

回答状は、社外からの問い合わせである照会状に対する返事の社外文書である。

■ **問題54**　（解答）**2**　概論

（解説）ビジネス文書では、初めに全体像を説明したうえで、細部の説明をするのが一般的である。このような構成にすることで、情報を論理的かつ合理的に伝えることができる。

■ **問題55**　（解答）**1**　根拠、理由

（解説）課題は概論に、ポイントの整理はまとめに記述するのがよい。

■ **問題56**　（解答）**2**　縦と横の線の太さが同じ書体で、視覚的に強い特性を持つ。

（解説）ゴシック体は視覚的に強いことから、見出しなどに使われる。

縦の線が太く、横の線が細い書体で可読性がよいのは、明朝体の特徴である。丸みを帯びた書体には、丸ゴシック体などがある。

■ **問題57**　（解答）**2**　ページの下部の余白に入れる文書タイトル、ページ番号、日付などを総称した言葉である。

（解説）1はヘッダーを指す。フッターはページ下部の余白に入れるもので、本文の行は含まない。

■ **問題58**　（解答）**1**　文章の中で、意味や内容のまとまりごとに区切ったもの。

（解説）2は見出しの説明、3は慣用句の説明である。

■ **問題59**　（解答）**3**　40字前後

（解説）一般的なビジネス文書では、用紙サイズがA4（210mm×297mm）、用紙の向きは縦、文字方向は横書きである。そのため、1行あたりは40字前後が適切であると考えられる。

共通分野

文書作成分野

データ活用分野

プレゼン資料作成分野

解答記入シート

■問題 **60**　（解答）**2**　**版面率の大小の違いから受ける印象は変わらない。**

（解説）文章や図表が入る範囲を「版面」と呼ぶ。版面率とは、用紙の面積と版面の面積の比率である。これは、裏を返せば余白がどの程度になるかということである。
余白の割合で受ける印象は変わるが、実際にビジネス文書を作成する場合には、デザイン的な観点よりも実用的な観点から余白に注意を払うとよい。ビジネス文書は、ステープラでまとめられたり、バインダーへ綴じるためにパンチ穴を開けられたりすることがある。そのような点を考慮して余白の大きさを決めるべきである。

■問題 **61**　（解答）**3**　リード文

（解説）柱は、余白に入れるページ番号、章や節のタイトル、日付などの総称である。特に、ページの上部余白に入れる柱をヘッダー、下部余白に入れるものをフッターと呼ぶ。
ノンブルは、ページ番号のことである。

■問題 **62**　（解答）**1**　**文書は、最終的な目的を達成するための道具である。**

（解説）文書の目的は文書を作成することではなく、上司から文書発行の承認を得ることでもない。文書の書き手が意図する行動を読み手がとったとき、その文書の目的は達成されたことになる。

■問題 **63**　（解答）**3**　**発言内容をもらさずに、一字一句そのまますべて記録する。**

（解説）議事録をまとめるときは、発言内容をそのまますべて記録するのでなく、情報を整理して具体的に書く。決まったことは決定事項、決まっていないことは未決事項としてまとめる。

■問題 **64**　（解答）**1**　**投資家のあいだに、新規株式公開（IPO）に対する不信感が広がっている。**

（解説）この段落の中で、中心になっている文は1である。

■問題 **65**　（解答）**1**　**クレームの発生原因を記述する。**

（解説）1　対策を立てるためには、まず原因の報告が適切である。
　　　　2　主観的な視点は、今後の対策に誤った概念を植え付ける危険がある。
　　　　3　先方の連絡先として、社名、所属、担当者名、電話番号やメールアドレスなどを記述する。

■問題 **66**　（解答）**1**　廃棄

（解説）保存は、まだ廃棄できない状態であり、記録していることをいう。

■問題 **67**　（解答）**3**　時機

（解説）礼状は感謝の気持ちを表す文書であり、事実関係や格式などではなく感謝の気持ちをすぐに伝えることが大切である。時機を逸してはせっかくの気持ちが伝わらなくなる恐れがある。

■ 問題 68 （解答） 3　読み手と目的

（解説）文書を作成するときには、誰に（読み手Who）、何を（目的What）伝えるのかを明確にしてから伝え方（How to）を考えていくことが重要である。

■ 問題 69 （解答） 2　箇条書き

（解説）説明文の中に説明すべき項目が複数ある場合には、箇条書きにしてひとつひとつ明確に分けて表現するのがよい。

■ 問題 70 （解答） 2　企画書_営業12-1305.docx

（解説）この会社での文書管理は、文書番号が「発行部署_独自の番号」という規則に基づいている。また、ファイル名は「文書名_文書番号」で管理していることがわかる。1は文書を発行した部署が誤っている。3は部署名と番号のあいだに不要な「-（ハイフン）」が入っている。

Windowsに限らずほとんどのOSでは、ファイル名に「/（スラッシュ）」を使用することができない。したがって、ファイル名の中で区切りを入れたいときには、「-（ハイフン）」や「_（アンダーバー）」を用いるのがよい。

■ 問題 71 （解答） 1　「行く」の謙譲語は「伺う」、尊敬語は「お見えになる」である。

（解説）「行く」の尊敬語は「いらっしゃる」「行かれる」などである。「お見えになる」は「来る」の尊敬語である。なお、「行く」の謙譲語には「伺う」のほかに「参る」もあるが、この2つには違いがある。「伺う」は話に登場した第三者に対してへりくだる意味を持つのに対し、「参る」は話している相手に対してしかへりくだる意味を持たない。

たとえば、自分の上司に対して「お客様の自宅へ伺います」と言うとお客様に対してへりくだったことになるが、「お客様の自宅へ参ります」とするとお客様に対してはへりくだっていないことになる（上司に対してはへりくだっている）。

■ 問題 72 （解答） 1　愛想を振りまく

（解説）振りまくのは「愛嬌」であって愛想ではない。愛想の場合には「愛想がいい」「愛想がない」「愛想が尽きる」などのように用いる。

■ 問題 73 （解答） 2　1つの段落に含まれる主題は1つにする。

（解説）1つの段落では、主題は1つにする。1つの段落で複数の主題を記述すると、伝えるべき内容がわかりにくくなったり、曖昧になったりして、誤解を生むこともある。また、主題はできるだけ段落の冒頭に記述して、その段落の内容を明確に伝えるようにする。

■ 問題 74 （解答） 2　5文程度

（解説）通常、段落は複数の文で構成されている。文が多過ぎると読みにくくなり、内容も把握しづらくなる。逆に文が少な過ぎると内容が細切れになってしまい、やはり内容が把握しづらくなる。

■問題 **75** （解答） **1** 起承転結がある。

（解説） 物語ではないので、一般的なビジネス文書に起承転結が使われることはまれである。

■問題 **76** （解答） **3** 相手・第三者に対する行為や物事について、自分をへりくだらせる言葉

（解説） 1は丁寧語、2は尊敬語の説明である。

■問題 **77** （解答） **1** 右上

（解説） 通常のビジネス文書では、右上に日付、左上に相手の部署名や名前を書く。
文書に管理用の番号がある場合には、日付と併せて右上に書く。右下に「敬具」や「以上」のような文書の終わりを示す言葉を入れるが、どの言葉になるかは本文との関係による。また、右下に自分の部署名や名前を書く場合もある。

■問題 **78** （解答） **3** 図解では情報が誤って伝わることがあるので、ビジネス文書での使用は避けた方がよい。

（解説） 図解は、文章だけでは表現しづらい関係性や関連性などをわかりやすく伝えることができるため、ビジネス文書でよく使われる。
たとえば、プロジェクトの各メンバーの関係を組織図で示したり、申請から承認までの手順をフロー図で示したり、文章では表現しづらい内容も図解を使えば、簡潔に表現できる。

■問題 **79** （解答） **2** 図解やグラフを積極的に利用してわかりやすくする。

（解説） 詩や小説とは異なり、ビジネス文書では事実を正確に伝えることが大切である。そのためには余計な装飾を省き、簡潔な文書に仕上げる必要がある。
文書の種類によっては書き手の意見や感想を含めることもあるが、その場合には伝えるべき事実と区別した書き方をしなければならない。

■問題 **80** （解答） **3** 文書の書式を統一する。

（解説） 「テンプレート（template）」の本来の意味は型板である。平面状の材料から特定の形を切り出すとき、型板に沿って切ればいつも同じ形、同じ大きさになる。
テンプレートファイルは、新規に文書を作成するときの雛形となる。テンプレートファイルを使用して新規に文書を作成すると、テンプレートファイルの用紙設定や書式設定が引き継がれた状態となる。これにより、文書の書式を統一することができる。

■問題81 （解答）**1**　仕入

（解説）製造業者が商品を製造するために原材料を購入することや、卸売業者や小売業者が販売用の商品を購入することを「仕入」という。
「返品」は納められたものを返すこと、「納品」は注文されたものを納めること。

■問題82 （解答）**3**　ROUNDDOWN関数は端数を切り捨てるのに対し、INT関数は元の値以下で最大の整数を求めるから。

（解説）INT関数の結果は元の値を超えることはない。問題の場合には元の値が負の数「－1.432」なので、それより小さな整数として「－2」が計算された。

■問題83 （解答）**1**　累計

（解説）累計は、ある範囲や期間の値における合計（小計）を、次々と加算したものである。
標準偏差は、統計値の一種であり、平均値からの散らばり具合を示すものである。
小計は、明細の値をグループに分け、グループごとに計算した合計である。

■問題84 （解答）**1**　11,250円

（解説）15,000円の25%引きなので、計算式は次のとおりとなる。
15000－15000×0.25＝11250

■問題85 （解答）**2**　対前年度比（%）＝本年度売上÷前年度売上×100

（解説）対前年度比なので、前年度に対する本年度の比率を求めなければならない。したがって、前年度の売上が分母、本年度の売上が分子になる。その結果をパーセントにするために100をかける。なお、不正解の計算式はどちらも意味を成さない内容である。

■問題86 （解答）**2**　ピボットテーブル

（解説）ピボットテーブルは、明細を条件でまとめて集計するのに向いている。この問題の場合には得意先コードか得意先名を条件にすれば、得意先別の売上金額を集計できる。また、ピボットテーブルは複数の条件を付けられるので、たとえば得意先別製品別の売上金額なども集計できる。
フィルターは、データを絞り込む場合に使用する。
並べ替えは、データを昇順、または降順に並べ替える場合に使用する。

■問題87 （解答）**1**　ABC分析

（解説）ABC分析は、要素の重要度や優先度を把握する目的で使用するもので、構成比率を累計しながらグラフ化する。
積み上げグラフは、要素の値と全体の値の両方を把握したい場合に使用するグラフである。
レーダーチャートは、複数の項目を比較する場合に使用するグラフである。

■ 問題88 （解答） **1 複合グラフ**

（解説） 売上金額と売上目標達成率の2要素を1つのグラフに表現するので、使用すべきグラフは複合グラフとなる。
円グラフと折れ線グラフは、どちらも基本的に1つの要素をグラフ化する場合に使用する。

■ 問題89 （解答） **3 20,240円**

（解説） まず、販売価格は20,000円の8%引きなので、計算式は次のとおりとなる。
20000−20000×0.08＝18400
元の価格が税別価格なので、この販売価格には消費税が含まれていない。
そこで、消費税額を計算すると、次のようになる。
18400×0.1＝1840
最後に両方を合計すれば、消費税を含む販売価格となる。
18400＋1840＝20240

■ 問題90 （解答） **3 商品や材料の現実の在庫量を調べること。**

（解説） 棚卸しは、商品や材料の現実の在庫量を把握するために行う。ただし、手間と時間がかかる作業なので、通常は「期末」や「月末」のように特定のタイミングで実施する。

■ 問題91 （解答） **1 集計されたデータを掘り下げていくと、明細データにたどり着けるようになっているデータ構造やシステムのことである。**

（解説） 2は、トップダウンに関する説明である。
3は、ブレークダウンに関する説明である。

■ 問題92 （解答） **1 「売上高＝固定費＋変動費」となる点**

（解説） 損益分岐点は、利益が出るか、損失が出るか、境目となる点のことである。利益は、「売上高−（固定費＋変動費）」であるので、売上高と固定費＋変動費が等しくなる点が損益分岐点となる。

■ 問題93 （解答） **1 ヘッダー/フッター機能**

（解説） Microsoft Excelのヘッダー/フッター機能では、ページ番号のほかに総ページ数やファイル名、印刷日付などを出力することができる。
ウォーターマークとは透かしのことであり、プリンターのウォーターマーク機能では、あらかじめ設定してある文字や絵が印刷内容の下地として薄く印刷される。ただし、プリンターによってはこの機能を持たない場合がある。

■ 問題94 （解答） **3 複合参照**

（解説） 表計算ソフト（Microsoft Excel）において数式をコピーする際は、既定では相対参照となる。相対参照とは、セルの位置を相対的に参照する形式（A1）である。絶対参照とは、セルの位置を固定（行列共に固定）して参照する形式（A1）である。複合参照とは、行だけ固定（A$1）、または列だけ固定（$A1）にして参照する形式である。

■ 問題 95 （解答）**1** POSシステム

（解説）POSは、「Point of Sales」の略であり、販売時点でデータを収集することを意味する。通常はレジスターに組み込まれており、レジスターが商品マスターを保持するコンピューターシステムにつながっている。POSで収集された情報は、販売管理システムや在庫管理システムへ送られて処理されることになる。

■ 問題 96 （解答）**2** CSV形式のデータ

（解説）CSVは、「Comma Separated Value」の略であり、カンマで区切ったデータのことである。表計算ソフト（Microsoft Excel）においてデータを取り込む（インポート）には、選択肢の中では、CSV形式が最も適している。

■ 問題 97 （解答）**3** OSやソフトによって文字コードや改行コードが異なるため、データ交換できないことがある。

（解説）1と2はCSVファイル特有の問題であるが、3についてはCSVファイル特有の問題ではない。もちろん、CSVファイルにおいても文字コードや改行コードの違いは問題となるが、これは、XMLやHTMLなどのテキストデータ全般に関する問題となる。

■ 問題 98 （解答）**1** 詳細な最小単位データとして

（解説）どのような集計を行うかは場合により異なる。そのため、最小単位のデータでなくてはさまざまな集計に対応できない。最小単位であれば並べ替えておいても問題はないが、どのような順番にするかは集計内容によって変わるので、集計の都度並べ替えることになる。したがって、あらかじめ並べ替えておいても意味はない。

■ 問題 99 （解答）**1** 1,500千円

（解説）限界利益とは、売上高から変動費を引いた値である。
「利益＝限界利益－固定費」なので、計算すると次のようになる。
5500－4000＝1500
また、「利益＝売上高－（変動費＋固定費）」の計算式でも求めることができる。計算すると次のようになる。
18000－（12500＋4000）＝1500

■ 問題 100 （解答）**3** 200円

（解説）収入印紙は印紙税の納付を証明するものであり、印紙税は商取引において書類を作成した場合に納めなければならない税金である。つまり、印紙を購入して当該の書類に貼らなければならない。
どのような書類が課税対象で、印紙税がいくらであるかは法律で決められている。領収証は課税対象であり、税額は記載の額面に応じて異なる。5万円未満は非課税、5万円以上100万円以下は200円、100万円を超え200万円以下は400円…（以後10億円以上まで続く）、のようになっている。（2021年4月現在）

■ 問題 101　（解答）　**2　売買差益**

（解説）　オープン価格は、メーカーが工場出荷価格だけを決め、希望小売価格を定めないことをいう。

リベートは、仕入先から還元される利益のことである。たとえば、販売実績が目標値を上回った小売店に対し、卸業者が報奨金を払う場合の報奨金がリベートに該当する。リベートはバックマージンやキックバックと呼ばれることもある。

■ 問題 102　（解答）　**2　売上高−変動費**

（解説）　売上高から変動費を差し引いたものが、限界利益となる。

変動費は売上高に応じて変動する費用である。

変動費に対して、売上高に関わらず一定の費用を固定費という。

限界利益は粗利益とも呼ばれるので、「粗利益−固定費」は利益を計算する式となる。

■ 問題 103　（解答）　**2　エクスポート**

（解説）　エクスポートとは、ほかのアプリケーションソフトで読み込める形式に出力する作業のことである。

インポートとは、ほかのアプリケーションソフトで作成したデータを読み込む作業のことである。

アウトプットとは、電子機器等の分野においては「出力」を意味する。ここから派生して、学習等で得た学びを、発言や活動に生かすことを意味するものとしても使用されている。

■ 問題 104　（解答）　**2　主に営業・総務部門の販売業務や一般管理業務で発生する費用のこと。**

（解説）　1は仮払金の説明、3は製造原価の説明である。

■ 問題 105　（解答）　**1　マクロ**

（解説）　条件付き書式は、セルの値と設定された条件に従って書式を変える機能である。たとえば、「計算結果がマイナスになったらセルを黄色に塗りつぶす」ということができる。

オートコレクトは、入力内容を自動的に修正する機能である。たとえば、「alpha」と入力された場合に先頭の1文字を自動的に大文字にして「Alpha」とする機能である。

■ 問題 106　（解答）　**1　仮払金**

（解説）　未払金は、通常の取引で発生するもののうち、買掛金以外のものを指す。たとえば、得意先に支払うリベートなどが該当する。

前渡金は、商品や材料の購入代金の一部であって、品物の納入より前に支払ったものを指す。

■ 問題107 解答 **3** IF関数

解説　この問題の計算を行うためには、条件を判断しそれに応じた値を返す関数を使わなければならない。

INDEX関数は、配列またはセル範囲の中から指定された位置の値を取り出す関数である。

COUNT関数は、数値が含まれるセルの個数を数えるものである。

いずれも条件を判断する機能はない。

■ 問題108 解答 **1** フィルター

解説　入力規則は、セルに入力できる内容を制限するための機能で、間違った値を入力しないようにするために利用する。

スキーマは、データ構造のことであり、機能ではない。

■ 問題109 解答 **2** 損益計算書

解説　損益計算書とは、ある一定期間の経営成績を明らかにしたものであり、P/Lともいう。

貸借対照表とは、ある時点の財務状態を明らかにしたものであり、B/Sともいう。

キャッシュフロー計算書とは、ある一定期間のキャッシュ（現金）の増減を明らかにしたものであり、C/Sともいう。

■ 問題110 解答 **1** 製造原価

解説　製造原価は変動費であり、変動費を低く抑えることで限界利益（粗利益）を高くすることができる。その結果、限界利益から固定費を引いた利益も高くなる。

希望小売価格はメーカーが小売店に対して希望する小売店での販売価格である。「希望」と呼ぶのは、メーカーが小売店に対して販売価格を強要することは違法になるためである。

ただし、書籍、新聞、音楽CDなどの著作権商品の一部については、メーカーが小売価格を決めることが許されている。これを「再販制度」という。

共通分野

文書作成分野

データ活用分野

プレゼン資料作成分野

解答記入シート

■ 問題 111　（解答）　**1**　明度

（解説）色の三属性は「明度」「彩度」「色相」の3つである。
輝度は、発光源の明るさを示すものなので光の属性である。
コントラストは、暗い部分と明るい部分の対比のことである。

■ 問題 112　（解答）　**3**　設計

（解説）プレゼンテーション全体の流れとして設計が当てはまる。

■ 問題 113　（解答）　**1**

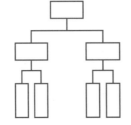

（解説）会社組織の階層構造には上下関係があるので、1のパターンが適している。
2は、拡散パターンに適したもので、中心から周辺に広がっていく（矢印の向きを
逆にすれば集まってくる）ことを表現できる。
3は、双方向パターンに適しているもので、要素同士が相互に関連していることを
表現できる。

■ 問題 114　（解答）　**1**　解決策→問題点の順に並べる。

（解説）いきなり解決策を示しても、どのような問題点に対する解決策かわからない。先
に問題点を示してから解決策を示すのが一般的である。

■ 問題 115　（解答）　**2**　箇条書きは情報を整理して示せるので、積極的に利用するとよい。

（解説）箇条書きは「ですます調」でも「である調」でもよいが、統一して記述する。
箇条書きの項目数は多過ぎると読み手に圧迫感を与えるので、1つの箇条書きの
項目数は10個以内に収めるとよい。項目数が多い場合には項目をグループ分け
し、複数のレベル（階層）にした箇条書きにするとよい。

■ 問題 116　（解答）　**1**　一目瞭然にイメージが伝わる。

（解説）写真を活用すると、一目瞭然にイメージが伝わりやすくなる。
単に、スライドに付け加えて親しみやすくするために使うものではない。また、伝え
たい内容によっては、必ずしも写真の方がイラストよりわかりやすいとは限らない。

■ 問題 117　（解答）　**2**　対立

（解説）矢印が向き合っていることで、対立する様子や互いに押し合っている様子を表現
できる。

問題 118 解答 **2** **20ポイント**

解説 プレゼンの実施では、プロジェクターを使ってスライドを大きく表示するが、本文のフォントサイズが小さいと読みにくくなる。スライド本文のフォントサイズは、20ポイント程度が好ましい。タイトルは本文より大きなフォントサイズを使う。10.5ポイントはビジネス文書で使われる標準のフォントサイズであり、スライドで使うには小さい。

問題 119 解答 **1** **プレゼン資料作成力には、表現力、図表作成力、データ作成力がある。**

解説 プレゼン資料作成力には、プレゼンを聞く人達に伝える力が必要であり、具体的にはわかりやすく伝える表現力、わかりやすい図解や表、グラフを作る図表作成力、そして納得感が得られるデータを作るデータ作成力などが必要である。
デザイン力や文章力や計算力は、補助的にあると望ましい力であるが、必ずしもなくともプレゼン資料を作成することはできる。

問題 120 解答 **3** **プレゼンの企画・設計には、聞き手の分析も含まれる。**

解説 プレゼンの企画・設計では、何よりも聞き手が男性か女性か、年齢層は、職業は、共通の趣味は、など聞き手の分析を十分に行うことが重要である。その分析に基づき、プレゼン資料作成では、聞き手が共感するような内容に仕上げていく。

問題 121 解答 **1** **発表者側で実施したアンケート**

解説 発表者側で実施したアンケートや直接収集・分析したデータを一次資料という。一次資料を補完するために各種公的機関の資料や白書あるいは民間調査会社のアンケートなどを二次資料として利用するとよい。その場合には、出典表記や著作権などの調査もしたうえで利用する。
企業が実施したアンケートは、別の目的の企画に使うときには一次資料といえない。

問題 122 解答 **3** **結果→理由→まとめ**

解説 時系列とは、時間的流れをいうため、過去→現在→未来や今後→現在→過去などが含まれる。結果→理由→まとめは、時系列で整理したものではない。

問題 123 解答 **1** **緊急度大、緊急度中、緊急度小**

解説 空間的な図解を使ったプレゼン資料は、エリア（領域や範囲）あるいは集団（一般従業員、管理職層、経営層）など図解にしたときにイメージしやすい図になる資料であり、緊急度や重要度などは空間的な要素を含まない。

問題 124 解答 **2** **根拠や理由は本論で話す。**

解説 本論では、伝えるべき内容（What）が、なぜ（Why）そうなるのかの理由や根拠を、図解、表、グラフなどの図表を使って十分に伝えることが重要である。
聞き手の注意を喚起することは、まとめの段階ではなく序論で行う。

■ **問題 125**　（解答）　**2**　本論

（解説）　序論は、聞き手の興味を引き付ける部分で、本論へのイントロダクションである。最も時間をかけて話すのは本論で、図解、表、グラフなどの図表を使って論理的に説得し、伝えたいことを聞き手と同じ目線で伝える。
質疑応答は、「まとめ」の一部として行う。まとめでは本論で話した内容のポイントを要約して伝え、その一部として行う質疑応答で聞き手からの質問に答える。

■ **問題 126**　（解答）　**2**　いろいろな事実から共通点を見つけ出して結論を導き出す方法である。

（解説）　仮説を立て、いろいろな事実から共通点を見つけ出して結論を導き出すのが帰納法である。したがって帰納法はデータの量、事実の量が多い方が、精度が上がることになる。

■ **問題 127**　（解答）　**1**　補助的な情報や参考情報は投影だけにして、**配布資料には含めないようにするために行う。**

（解説）　プレゼン資料は、そのまま印刷して配布することが多い。そのため、配布できない資料（新聞記事や著作権のある資料など）や補助的な資料は、プレゼン資料とは別に作成し、印刷には含めないようにする。これらの資料は、リンクを設定し、そこから投影するとよい。

■ **問題 128**　（解答）　**3**　対比

（解説）　対比の関係は、2つの要素の違いがより際立つことを比較して示す。図形Aと図形Bが対比の関係にあるとき、使用する色はカラーパレット上の対角線上にある色を利用するとよい。
正順の関係は、2つ以上の要素の並び方が順序どおりであることを示す。並列の関係は、2つ以上の要素が対等に並ぶことを示す。

■ **問題 129**　（解答）　**1**　集めた資料を整理することから始める。

（解説）　ボトムアップとは、データ構造や資料などを下から積み上げながら解析し、方向性を出していく手法である。さまざまな資料を整理するため、時間とコストがかかる場合もある。
それに対してトップダウンは、結論や方向性などが先にあり、それらに対して根拠や理由などを説明していく手法である。

■ **問題 130**　（解答）　**2**　プレゼン資料のデータを作成したら、一般にそのデータを利用して配布資料も作成する。

（解説）　プレゼン資料は、プレゼンを実施するうえで、聞き手の説得材料として作成する。作成したプレゼン資料は、そのまま配布資料にも利用するのが一般的である。そのため、作成段階で、印刷して配布されることを前提に検討するとよい。

■ **問題 131**　（解答）　**2**　色相を表している。

（解説）　色合いは色相のことで、彩度は色みの強弱の度合いを表す。光量はHSLカラーモデルの色合いとは関係なく、明暗の度合いは明度で表す。

■ **問題 132**　（解答）　**2**　図解の重要度に変化を付けたいとき

（解説）　グラデーションとは、色が連続的に変化することである。したがって、売上や経費が徐々に変化したり、影響が段階的に拡大したりする場合などに効果的に使える。

■問題 133 （解答） **1** メイリオ

（解説） メイリオ（Meiryo）は、和文ゴシック体のフォントのひとつであり、Windows Vista で標準フォントとして採用された。Windows 10やWindows 8ではメイリオを改良したMeiryo UIが採用されている。メイリオは、和文部分の字間が等幅で読みやすく、プレゼン資料のスライドの文字として向いている。

■問題 134 （解答） **2** 座標図は、縦軸・横軸に変数を設定して作った座標平面の任意の位置に、要素を配置して作る。

（解説） 座標図とは、縦軸・横軸に変数を設定してプロットしていく図であり、要素が持つ変数の値を含む。したがって、要素の具体的な位置や、要素間の位置の差、割合の違いなど詳細な位置関係を数値で表すこともできる。

マトリックス図とは、縦軸・横軸にそれぞれ対比する傾向を指定し、要素の位置関係を示す図である。

縦軸・横軸に数値を表示する座標図に対し、マトリックス図は大まかな位置関係を表示する。

■問題 135 （解答） **3** 質問はすべてその場で答え、3問程度で終了するのが望ましい。

（解説） プレゼンの質疑応答の中ですぐに答えられない質問の場合には、すべてその場で答える必要はない。質問者の名前や部署名などを確認して、あとから対応してもかまわない。また、質疑応答はプレゼンを受けての疑問や興味に対して回答するための時間であり、あまり長い時間をかけるとプレゼン全体が冗長になる。

■問題 136 （解答） **2** 1枚のスライドで1つの事柄を説明する。

（解説） 順序立ててわかりやすく説明するためには、1枚のスライドの中にさまざまな情報を入れるのではなく、1枚の中に1つの事柄だけを説明する。

■問題 137 （解答） **1** じっくり説明したい箇所だけ重点的にアニメーションを設定するなどの工夫をすると効果が上がる。

（解説） プレゼンのアニメーション機能は、重点的に強調したい箇所だけに付けるのがよい。多くの種類のアニメーションを使用するとアニメーションに気をとられ、逆に効果が薄れてしまう可能性がある。

■問題 138 （解答） **2** 動画のファイルを取り込むことはできない。

（解説） スライドには画像だけでなく、動画（ビデオ）を挿入できる。動画は自動的に再生したり、クリックひとつで再生したりするなど、設定を変更できる。

■問題 139 （解答） **3** スライドに音楽を挿入することはできない。

（解説） スライドには画像や動画（ビデオ）のほかに、音楽も挿入できる。動画と同様に、音楽も自動的に再生したり、クリックひとつで再生したりするなど、設定を変更できる。

■問題 140 （解答） **1** キーパーソンを意識しながらプレゼンを行うのがよい。

（解説） プレゼンの結果を左右するキーパーソンは、誰なのかを把握し、その聞き手に対してこちらの伝えたいことが伝わるようにプレゼンすることが重要である。

共通分野

チャレンジした日付

年　　月　　日

問題	解答	正答	備考欄
1			
2			
3			
4			
5			
6			
7			
8			
9			
10			
11			
12			
13			
14			
15			
16			
17			
18			
19			
20			
21			
22			
23			
24			
25			

問題	解答	正答	備考欄
26			
27			
28			
29			
30			
31			
32			
33			
34			
35			
36			
37			
38			
39			
40			
41			
42			
43			
44			
45			
46			
47			
48			
49			
50			

共通分野
正答数

/50

文書作成分野

問題	解答	正答	備考欄
51			
52			
53			
54			
55			
56			
57			
58			
59			
60			
61			
62			
63			
64			
65			

問題	解答	正答	備考欄
66			
67			
68			
69			
70			
71			
72			
73			
74			
75			
76			
77			
78			
79			
80			

共通分野

文書作成分野

データ活用分野

プレゼン資料作成分野

解答記入シート

文書作成分野
正答数

/30

2級 解答記入シート

チャレンジした日付
年　　　月　　　日

問題	解答	正答	備考欄
81			
82			
83			
84			
85			
86			
87			
88			
89			
90			
91			
92			
93			
94			
95			

問題	解答	正答	備考欄
96			
97			
98			
99			
100			
101			
102			
103			
104			
105			
106			
107			
108			
109			
110			

データ活用分野
正答数

/30

プレゼン資料作成分野

問題	解答	正答	備考欄
111			
112			
113			
114			
115			
116			
117			
118			
119			
120			
121			
122			
123			
124			
125			

問題	解答	正答	備考欄
126			
127			
128			
129			
130			
131			
132			
133			
134			
135			
136			
137			
138			
139			
140			

共通分野

文書作成分野

データ活用分野

プレゼン資料作成分野

解答記入シート

プレゼン資料作成分野
正答数

/30

© 日本商工会議所 2021